봄, 조경 사회 디자인

봄, 조경 사회 디자인

초판 1쇄 펴낸날 2006년 12월 6일

지은이 조경비평 봄

펴낸이 오휘영

펴낸곳 도서출판 조경

등록일 1987년 11월 27일 / 신고번호 제406-2006-00005호

주소 경기도 파주시 교하읍 문발리 파주출판도시 529-5

전화 031.955.4966~8 / 팩스 031.955.4969 / 전자우편 klam@chol.com

편집 남기준 / 디자인 박미정 / 표지디자인 김사라

필름출력 우성C&P / 인쇄 우성프린팅

ISBN 89-85507-42-7 93600

* 지은이와 협의하여 인지는 생략합니다.

* 파본은 교환하여 드립니다.

정가 15,000원

봄, 조경 사회 디자인

조경비평 봄 지음

도서
출판 조경

지금은 겨울, 봄은 가까우면서 멀다.

겨울 지나면 봄이니, 봄은 우리 가까이 있지만,

봄에 대한 기억은 가을과 여름 너머 저편에 있으니,

봄은 가까우면서 멀다.

또 하나의 봄을 기다리며

조경비평이라는 용어가 등장한 지 15년, 조경비평은 있으면서 없다. 신진 조경비평가의 등용문인 조경비평상도 시행중에 있고, 간헐적이나마 조경비평이라는 이름으로 글도 발표되고 있지만, 극소수의 작품을 제외하곤 본격적인 작품론의 부재 상황이 이어지고 있고, 작가론은 태동조차 못하고 있다. 이런 상황 속에서, 여전히 다수의 일반 대중은 조경공간을 대체 자연 혹은 장식욕의 산물로서만 인식하고 있고, 조경에 대한 이야기는 오직 차수를 바꿔가며 술자리만을 옮겨 다니고 있을 뿐이다.

물론 상황은 나아지고 있고, 변화의 움직임도 엿보인다. 보이지 않는 곳에서, 보이는 곳에서 많은 조경가들이 고민하고 실천한 덕분일 것이다. 단 묵묵히 진행되고 있는 조경가들의 작업에 대해 조명해보려는 시선과 노력의 부재 탓인지, 조경은 대중적 논의의 장에서 아직은 수면 아래에 위치해 있다.

'조경은 나무나 심는' 으로 시작되는 조경에 대한 획일적이고 답답한 레퍼토리는 이제 교정되어야 한다. 조경을 둘러싼 이야기의 빈곤은 조경에 대한 대중의 오해를 고착화시킬 뿐이다. 거창하게 담론, 이론, 비평이라 칭하지 않아도 좋다. 조경에 대해 이야기하자.

이런 이야기들을 안주거리 삼아 술 마시던 이들이 있었다. 그들이 술만 마시지 말자는데 의기투합해 생긴 소모임이 '조경비평 봄' 이다. 이 책은 그들의 이름으로 내는 첫 번째 결과물이다. 모임이 만들어지고 나서, 월간 〈환경과조경〉 지면을 통해 처음으로 시도한 '릴레이비평'이 뼈대가 되었음을 이 귀퉁이에 밝혀둔다. 귀한 지면을 내어준 〈환경과조경〉에 대한 감사만큼은 빼놓을 수 없으리라. 책으로 묶으면서 필자에 따라 대폭 손질하거나 새로 쓴 경우도 있지만, 일부 원고들은 잡지에 수록된 그대로이기도 하다. 그래도 책으로 보는 맛은 다르리라 기대해본다.

소모임이지만 구성원들이 각기 다른 색깔을 갖고 있는 터라, 일치된 의견을 가지고 작은 일 하나 추진하는 것이 쉽지만은 않았다. 각기 다른 의견을 조율하고 다른 생각을 곱씹어보는 것 자체가 소득이 아니었나 싶다.
본격적인 작품론이나 작가론에 대한 욕심을 내보자는 주장도 있었지만, 일단은 우리시대 조경의 지형도를 각자의 역량껏 조감해보자는데 의견이 모였다. 그래서 시작한 것이 일 년여에 걸친 '릴레이비평'의 연재였다. 첫 번째 필자가 원고를 시작한 이후로는 자연스러운 흐름에 맡겼을 뿐, 이 책의 제목으로 부각된 '조경 사회 디자인' 등으로 큰 갈래를 나누지는 않았다. 때문에 저절로 형성된 세 가지 큰 흐름은 흐르는 물이 만들어낸 골과 같은 것이다. 의도하지 않았음에도 사회라는 틀을 통해 조경을 들여다보고자 했던 시도들이 이 책에 새겨지게 된 것은 다행이 아닐 수 없다. 부디 조경과 사회의 교감이 더 농밀해지기를 기대해본다.

〈봄, 조경 사회 디자인〉은 개발, 건축, 기억, 도시, 디지털, 매체, 문화, 신자유주의, 이용, 자연, 전통, 평등을 바탕으로 한 우리시대 조경 이야기다. 다만 글에 따라 조경과의 관련성이 옅거나 짙은 편차가 커, 동시대 조경의 전반적인 조감 보다는 단편적이되 흥미로운 고찰로 읽혔으면 좋겠다. 어쩌면 글의 층위가 각기 다른 것은, 그만큼 지금 여기의 조경이 하나의 그물망에 걸려들 만큼 단순하지도 획일적이지도 않은 덕일 수도 있겠다. 이것은 당연히 희망이고, 여지다.
쉼표 없이 나열된 '조경 사회 디자인' 이라는 제목에는 중의적 노림수가 담겨 있다. '조경과 사회와 디자인을 각각 보다' 라는 의미도 있고, '조경사회를 디자인하다', 즉 '조경분야의 지형도를 그려보다' 라는 뜻도 있으며, '조경이 사회를 디자인하다' 라는 다소 선언적 의미도 담아보고자 했다. 누군가는 '조경 사회 디자인에 봄날이 오기를 바라다' 라는 소망을 보태기도 했다.

이 책에 거는 소박한 기대가 있다면, 비판적 독자들이 동시대 조경을 바라보는 또 다른 시선을 견인해내는 지렛대로 활용했으면 하는 것이다.
그리고 우리가 쳐놓은 망을 빠져나간 내용들이 많다면, 그 성긴 그물코를 다시 짤 힘을 독자로부터 받아, 또 하나의 새로운 '봄' 을 모색해보겠다는 다짐을 해둔다.

봄에 대한 기억은 가을과 여름 너머에 있어도, 때론 몸이 먼저 반응한다. 봄이 우리 곁에 가까이 와 있다고, 어서 봄을 맞을 채비를 하라고, 그래서 봄은 멀면서 가깝다. 이제 또 하나의 봄이 우리 곁으로 다가오고 있다.

이천육년의 마지막 달 겨울의 초입에서

조경비평 봄 쓰다

차례

01

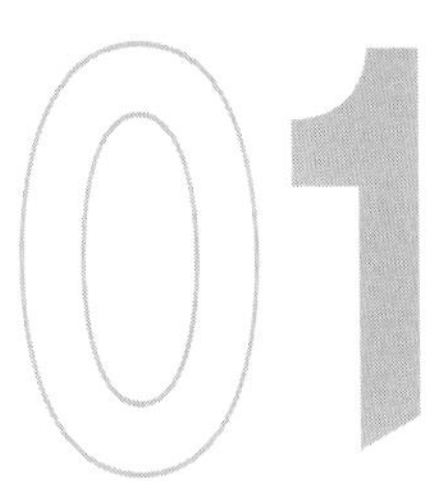

녹색 공원은 평등한가

[공공공간의 '물 관리']

이 유 주 현_한겨레 국내뉴스팀 기자

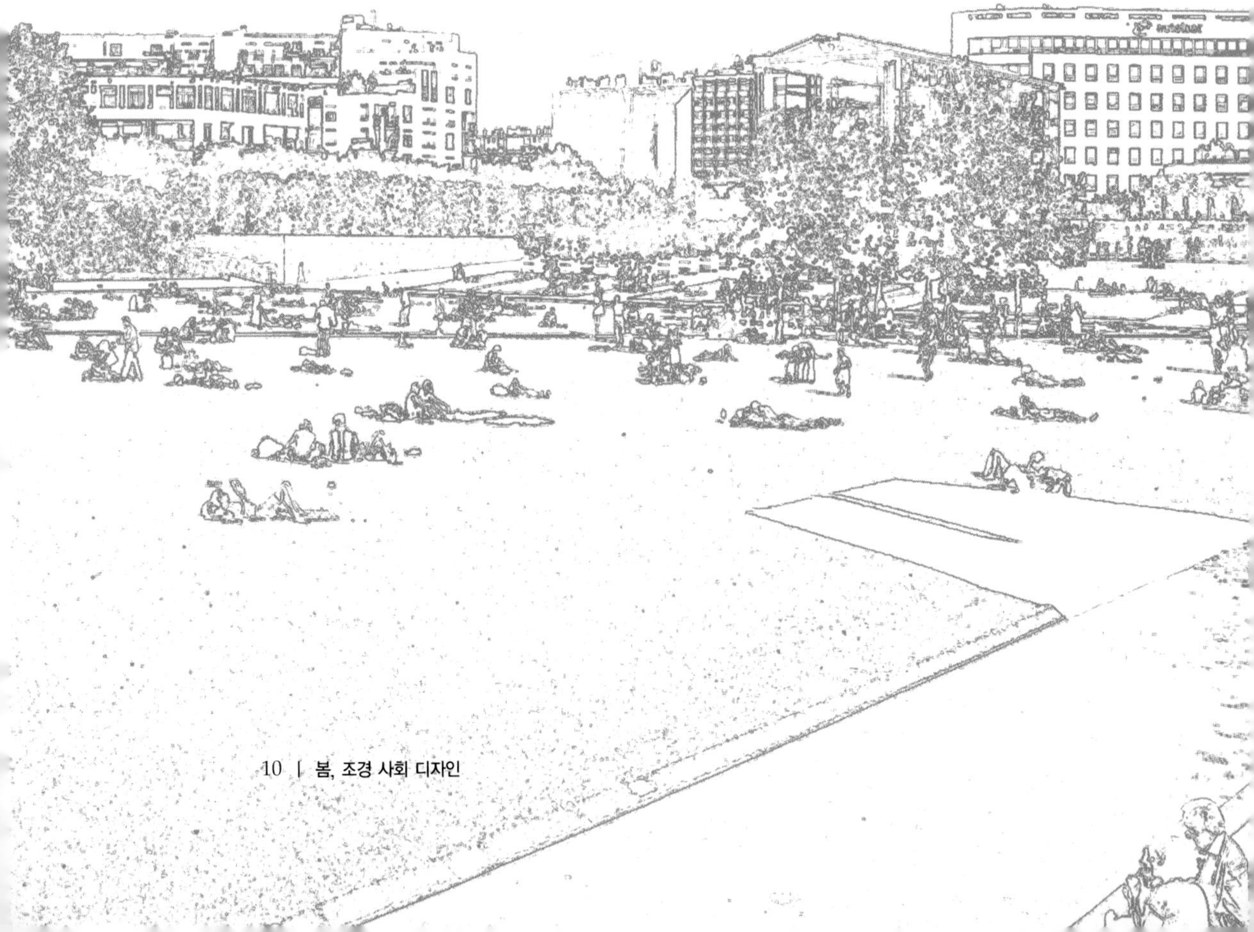

내가 아는 30년 연상 선배가 어느날 한탄하듯 말씀하셨다. 청담동에서 친구 남편 내외와 만나서 저녁을 먹고 근처의 근사해보이는 술집으로 들어갔단다. 머리에 희끗희끗 서리가 내려앉은 중년 남녀 두쌍이 들어서자 새파란 종업원이 당황하는 기색이 역력했다. 그러면서 괜찮으시다면 저~쪽 안쪽으로 앉으시라고 하는데 낌새가 이상했다. 둘러보니 바 안엔 죄다 쌍쌍이 앉은 20대 뿐이었다. 젊은 애들이 드나들때 안 보이도록 구석에 가 있으라는 것인지, 기분이 이상해졌다고 하셨다. 당신들이 주책맞게도 눈치없이 애들 노는데 갔다고 하면서도 '차마 내쫓을 수는 없었던 게지…' 하는 기색이 영 괘씸한 표정이었다. 선배는 나이 먹으면 계급이 떨어진다고 하면서 '물 관리' 당한 것에 퍽 억울해하셨다.

특정한 연령, 특정한 계급이 주로 이용하는 고급 식당이나 술집 같은 곳에선 주인의 결정에 따라 손님을 통제하기도 한다. 특히 분위기가 인테리어요, 노는 이들의 물이 술맛보다 중요한 나이트클럽에선 검은 옷을 입은 남자들이 입구를 지키고 서서 들어가는 이들의 행색에 따라 입장 여부를 결정한다. 차림새가 입장권이다.

경우에 따라선 돈이 있어도 입장 금지당하는 클럽 같은 곳과, 공짜로 누구나 들어가는 광장 · 공원 · 거리 같은 공공공간public space을 비교해 보자. 클럽이 사유화된 공용공간이라면 광장 · 공원은 공공성이 짙은 장소다. 클럽이 닫혀있다면 광장 · 공원은 열려있다. 클럽이 자본주의적 소비 공간인데 비해 광장 · 공원은 누구나 공공재를 누릴 수 있는 평등한 공간이다.

그래서 1880년대 일본과 미국 등을 여행한 개화기 지식인 유길준은 『서유견문』에서 공원의 효용성을 힘주어 말하지 않았던가. "공원을 여기저기 만드는 것은 무익한 일이라고 말하는 자도 있을지 모르겠으나 결코 그렇지 않다. 가난한 사람이나 부자나 간에 결코 각각 그 영위하는 사업에 분주하여, 정신이 피곤하고 기력이 나태해졌을 때에 공원에 들어가 한가한 걸음걸이로 소요하고 꽃향기를 맡으면, 수목이 우거진 그늘 밑에서 청명한 공기를 호흡하고 아름답고 고운 경치를 감상하면 가슴이 맑아지고 심신이 상쾌하여 고달픈 모습이 스스로 사라질 것이다." 그는 정부가 "그렇게 많은 재산을 들여 공중을 위한 즐거움에 이바지한다는 것은 실상 부유한 분위기를 가난한 자와 함께 이바지한다는 뜻이므로 빈자가 부자를 질투하는 마음도 없어지게 된다"고 적었다.

서양에서 공원이 생겨난 기원을 거슬러 올라가보면, 유길준의 예리한 통찰력에 새삼 감탄하게 된다. 1857년 옴스테드와 보어가 뉴욕의 센트럴파크를 설계했을 당시엔 "양호한 통풍이 좀더 건강한 집을 만드는 것처럼 녹지대는 도시의 통풍에 기여한다"는 말이 통용되고 있었다. 대도시의 위생불량으로 일어나는 전염병을 막기 위해선 신선한 공기순환, 적절한 양의 초목이 절실했다. 또한 매연으로 둘러싸인 도심에서 멋있는 풀밭, 오솔길, 인공 호수 같은 시골 풍경으로 꾸며진 공원은 혼잡한 도시 안에서 전원의 여유로움을 느끼게 하는 청량제와도 같았다. 중산층이나 노동자나 같은 공간에서 차별없는 혜택을 누림으로써 그들은 '시민성' 이란 정체성을 키울 수 있었다.

공원이 탄생한 기원이 이러하건대, 우리는 공원 · 광장 같은 공공공간을 시민의 자유로운 문화가 펼쳐지는 공간이라고 생각하기 쉽다. 하지만 실제로 우리 주변의 공공공간은 '운영' 된다. 설계자의 의도가 반영돼있을 뿐 아니라 사후에도 세심한 관리를 통해 운영 주체의 의도에 맞는 행태가 일어나도록 유도되어진다. 다시 말해, 나이트클럽처럼 표나게 드러나지는 않지만, 공원 · 광장도 나름대로 '물관리' 를 한다.

2004년 5월 개장한 서울시청 앞 서울광장을 보자. 애초에 광장 설계를 맡았던 건축가를 "현실적으로 시공이 어렵다"며 중간에 교체한 일은 차치하고, 서울광장 개장 이후부터 지금까지 계속 논란이 되고 있는 것은 '잔디' 다. 느닷없이 솟아올라 어린이들에게 기쁨을 주는 바닥분수와 함께, 밟기에도 황송한 폭신폭신한 켄터키블루그래스라는 미국산 잔디는 서울광장을 찾는 시민들에게 경험하기 힘든 즐

서울광장은 잔디 보호를 이유로 겨울철 대부분 출입이 통제된다. 경실련의 분석자료에 따르면 1년여 동안 잔디광장을 통제한 날은 210일에 이르렀다(사진: 경실련 도시개혁센터).

거움을 준다. 그리고 서울시는 질 좋은 잔디로 시민들에게 봉사하기 위해 개장 이후 2억원의 돈을 써왔다. 광장의 절반에 가까운 잔디 2천평을 가꾸기 위해 매일 5명의 인부가 나와 물을 주고 죽은 잔디를 솎아낸다. 잔디 상태가 안 좋을 때는 사람들이 들어가지 못하도록 잔디광장 둘레에 무궁화 화분 백여 개를 줄지어 둘러놓는다. 휴일엔 자원봉사자들이 2~3명씩 조를 짜서 담배를 비벼 끄거나 탄산음료수를 버리거나 술을 붓는 일 등 잔디에 해가 되는 일을 못하도록 말린다. 게다가 겨울철엔 얼어있는 잔디 뿌리가 꺾일 것을 염려해 잔디광장 출입이 통제된다. 경실련 도시개혁센터의 분석자료에 따르면 1년여 동안 잔디광장을 통제한 날은 210일에 이르렀다.

처음에 광장을 개장한 직후엔 정치집회 · 문화행사 등 행사 성격에 별로 신경 쓰지 않았던 서울시는 2004년 11월 민중연대가 집회를 벌이며 잔디를 크게 훼손하자 모든 정치행사를 불허했다. 그래서 서울광장에선 소규모의 민원인들이 광장 귀퉁이에서 확성기에 대고 노래를 트는 것 이외에 정치적인 행사는 절대 열리지 못한다. 잔디 덕분에 서울시는 광장의 성격을 원하는 대로 '탈정치화' 하고 '문화화' 했다. 서울시 총무과장의 말을 들어보면, 서울광장에서 문화행사를 벌이겠다는 신청이 늦가을까지 꽉 잡혀있는 상황이다.

또한 서울광장엔 노숙인들이 들어오지 못한다. 노숙인들이 잔디밭에 앉아 소줏병을 입에 털어넣을 틈이 없다. 그런 불량한 행위는 자원봉사자들에 의해 즉시 제지되기 때문이다. 그늘 하나 없고 임시 가설무대나 전시판넬을 제외하곤 몸을 숨

광장은 비어있는 넓은 공간이기도 하지만, 의사소통을 꾀할 수 있는 공동의 소통 영역을 뜻하기도 한다. 그러나 서울 '광장'은 그 성격이 '탈정치화' 되었고, '문화화' 되었다. 표면적인 이유는 잔디의 관리 때문이다. '관리' 되는 것은 정말 잔디뿐일까?

길 곳 없는 곳에 노숙인들은 잠자리를 펴지 않는다. 최근 관찰한 바에 따르면, 시청 주변에서 비브악Bivouac을 원하는 노숙인은 시청 건물과 화단 뒤 좁은 틈에 들어가 라면상자를 끌어당기고 있었다.

간혹 서울시 공무원 중엔, 시가 세금을 거둬 극한 빈곤층만을 지원한다면, 대체 세금을 내는 중산층들은 무슨 혜택을 보겠냐며 불만을 터뜨리는 사람들이 있는데, 그런 관점에서 본다면 서울광장은 '세금 내는 시민'과 '세금 못내는 시민(세금을 못내도 시민이라고 부르는 것이 허락된다면)'을 성공적으로 분류하는 공간이다. 광장도 '물관리' 한다.

사실 막대한 예산을 들이고 온갖 교통불편 여론을 잠재우며 광장을 만들어 놓았는데 여기에 매일 노숙인이 들끓고 그 때문에 시민들이 맘대로 즐기지 못한다면 그에 대한 비판도 만만치 않을 것이다. 서구의 현대 공원 역사를 들여다보면, 서울광장보다 훨씬 더 강도높게, 때로는 세련된 방법으로, 때로는 무지막지한 수난을 써서 '물관리' 해왔다는 사실을 알 수 있다. 가령 1930년대 대공황기의 그늘에서 몸부림치고 있던 미국에선 온갖 공원들이 실직자들로 넘쳐나자 하루에 25센트의 공원 입장료를 받았다. 1940년대 뉴욕 시장은 10시 이후에 공원에서 배회하다 잡히면 무조건 체포하겠다고 으름장을 놓기도 했다. 1970년대에 뉴욕의 브라이언트 파크는 공원 대개조를 통해 타인의 눈길이 미치지 못하는 음습한 공간은 모두 제거했고 키오스크 · 이동식의자를 고급화해 격조를 한껏 살렸다. 공원이 매력적으로 변함에 따라 '적합하지 못한 사람들'은 내쫓겨졌다. 노숙자들은 주변의 특정 쉼터에 등록된 자들만이 재활용 쓰레기를 뒤지러 공원에 올 수 있도록 했다.

우리나라에선 공원 · 광장 등 공공공간을 노숙자들이 온통 '점령'할 만큼 문제가 심각한 상황은 아니다. 오히려 서울광장이 표나는 물관리를 통해 잠존해있는 갈등을 표면화시킨 선구적 사례라고 할 수 있다.

대체로 현재 우리나라 대규모 공원에서 일어나는 문제들은 '공중도덕을 지키지 않는 시민답지 않은 시민' 들로 요약된다. 2005년 6월 서울숲공원이 개장한 이후 언론들은 점잖치 않은 시민들의 행락 행태를 맹렬히 비판했다. '공원에 누워 짜장면 시켜먹기', '쓰레기 아무데나 버리기', '공원 내 나무 사이에 줄을 걸고 물에 젖은 옷을 말리기', '텐트금지구역에서 텐트 치기', '침으로 얼룩진 화장실, 잘못된 이용습관' 등등이었다. 다른 공원의 개장 초기엔 어떠했는가를 살펴보려고 기사를 검색해보았더니, 의외로 2002년 5월 월드컵공원이 개장했을 때나 4월 선유도공원이 문을 열었을 때는 이같은 기사들이 훨씬 적었다. 월드컵의 흥분에 젖어 공중도덕 운운하는 것이 촌스러워서 그랬을 수도 있겠으나, 공원 관리 총괄 공무원의 말을 들어보니 위의 두 공원은 서울숲공원보다는 훨씬 빠르게 안정을 찾았다고

서울숲의 거울연못. 개원 초기 시민들의 (물 위를 걷는 공간이라는) 오해 때문에 안전사고의 발생 위험이 있어 진입을 막아 놓았다는데, 수면에 비친 대형목 열식 보다 형광색 제지선이 더 눈에 들어온다. 마치 이곳은 '관리' 되고 있음을 표나게 말하고 있는 듯 하다.

서울숲의 바닥분수. 개장 당시 한꺼번에 많은 시민들이 찾아와, 행락 행태에 대한 비판적 기사가 일간지면을 장식하기도 했다.

했다. 최용호 서울시 푸른도시국장(이하 직급은 2005년 당시)은 "서울숲공원 개장 초기엔 당연히 혼란이 있을 거라고 예상은 했지만 생각보다 더 무질서하고 비판 여론도 거세 당황했다"며 "심지어는 공원 주변 배달 전문 음식점 167곳에 모두 공문을 보내 공원 내에 오토바이 배달을 하면 위생감사를 실시하겠다고 엄포를 놓을 지경이었다"고 말했다. 그러자 음식점 배달은 오토바이에서 자전거로 대체되었다. 결국엔 쓰레기통에서 해당 음식점 포장물이 나와도 바로 구청 위생과에 연락하겠다고 '협박' 해 가까스로 배달을 막았다. 또한 서울시는 경찰에 협조를 요청해 공원을 정기 순찰하고 치안 취약지에 폐쇄회로TV를 설치했다. 여의도공원에도 치안 순찰대가 있지만 경찰 순찰대가 규칙적으로 공원을 도는 것은 서울숲이 처음이었다.

서울숲공원 이용객들이 무질서한 모습을 보이는 데 대해, 최광빈 서울시 공원과장은 "뚝섬지구 다리밑에서 놀던 습관대로 서울숲공원에서 노는 것 같다"고 말했다. 이 경우 서울숲공원은 맘먹고 어쩌다 일년에 한번 오는 유원지일 뿐, 평소에 즐겨 찾는 '우리 동네 일부' 로서의 공원이 아니다.

서울숲공원과 관련해 또한가지 특이할 만한 점은 공원 주변 땅값이 무척 치솟았다는 점이다. 이는 서울시가 공원 옆에 자리잡았던 역세권부지를 민간에 매각했는데 평당 5,665만~7,732만원에 이르렀다는 것에서 확인됐다. 높은 지대를 고려할 때 앞으로 여기에 지어질 주상복합아파트는 평당 4천만원 이상 분양될 것이라는 예측이 무성했다. 공단지구로 오랫동안 개발이 되지 않았던 성수동 일대의 집값도 따라서 춤췄음은 물론이다.

서울숲은 어쩌다 마음 먹고 한번 찾아가는 유원지일까, 평소에 즐겨찾는 '우리 동네 일부' 로서의 공원일까?

월드컵공원사업소의 오순환 과장은 "서울숲공원에서 보였던 초기의 혼란스러운 모습은 별로 문제될 것이 없다"고 지적한다. 공원이란 본래 문을 열면 제자리를 찾아가고 이용객들의 동선이 정돈되기까지 시간이 걸리기 때문이라는 것이다. 그래서 관리자들은 시간을 들여 이용객들의 행태를 관찰하고 공간의 성격에 적합한 행위들을 이끌어내기 위해 프로그램을 짜고 때로는 간섭 · 통제를 하게 된다는 것이다. 이것이 이용객들에게 얼마나 자연스러운 상식으로 받아들여지는가는 역시 공원 관리자들의 지혜와 노하우가 좌우한다고 했다.

이처럼 전문가가 맘놓으라고 하는데도, 우리는 여전히 공원에서 얼마나 점잖게 행동하고 남을 방해하지 않는가에 무척 신경 쓰고 있다. 그러나 아직 또렷하게 현실의 장에 펼쳐지지 않는 문제가 있다. 앞서 유길준이 예언한 것과는 달리, 공원이 부자와 빈자를 차별하지 않는 평등한 공간이 아니라 계급 갈등이 내포된 현장으로 변할 수 있다는 점이다.

이 글을 쓰기 전, 최정민 선배가 도움이 될 거라며 건네준 책 『*The Cultures Of Cities*』(Sharon Zukin, 1994)는 문화 · 예술이 부자–빈자의 양극화를 부추기는 부동산 개발을 인간화시키는 수단으로 어떻게 작용하는지를 담고 있었다. 어디나 잘 디자인된 도심지엔 쇼핑센터와 박물관 · 예술가들의 공간이 맞붙어있다. 역설적으로, 예술가들이 자기들의 이해관계를 의식적으로 지키려고 하거나, 정치적 조직에 관여할수록, 예술가들은 부동산개발의 투자자 같은 역할을 해버리게 된다.

소호SOHO를 떠올려봤다. 가령 맨하탄 빈민가의 방치된 공장터에 예술가들이 들어가 작업활동을 하면서 이곳을 생명력있는 개성적 문화지역으로 거듭나게 하자 지방정부는 이곳을 '예술가 지구'로 지정했고 1970년대 이후 대자본이 진출하면서 고소득층의 주거 · 문화 · 위락시설이 들어서게 됐다. 가난한 예술가들의 스튜디오가 있던 곳에 구겐하임 분관이 자리잡았다.

소호의 경우처럼 도심에 위치한 노동자계급주거지 · 빈민지역에 중간계층

지극히 평화롭고 자유로운 광경이 아닐 수 없다. 그러나 누구에게나 열려 있는 듯한 이 녹색의 잔디밭 역시 '물관리'의 소산이다. 자유는 통제에 따르겠다는 암묵적인 동의의 대가이고, 평화로움은 계획된 관리와 운영의 결과물이다. 게다가, 이런 장면을 조망할 수 있는 권리가 때론 극소수에게 전유되기도 한다.

이 자발적으로 들어가 재개발 · 문화센터 건설 등으로 기존의 환경을 새롭게 바꿀 때 기존에 살던 빈민 · 노동자계층은 다른 곳으로 이주하는 과정을, 닐 스미스라는 학자는 '젠트리피케이션gentrification'이라고 명명했다고 한다. 젠트리피케이션은 도심을 활성화시키고 소생 · 부활의 찬사를 얻지만 자본주의사회에서 일어나는 불균형 개발의 또한가지 모습이다.

앞으로 시간이 지나면 서울숲공원 주변은 초고층 주상복합아파트와 호텔 등 값비싼 업무시설이 들어설 것이다. 주변의 오래된 주택과 공장들은 지대압력을 견디지 못하고 값비싼 아파트단지로 탈바꿈할 것이다. 그렇게 되면 아마 예상컨대, 서울숲공원도 중산층들의 고상한 생활문화가 펼쳐지는 공간으로 거듭날 것이다.

맹렬히 비난했던 공중도덕의 부재? 분명 도덕과 범절은 지켜질 것이다. 그렇다면 시민의식은 성장한 것일까? 그때쯤이면 더운 날이면 뚝섬 다리밑에서 수박 조각을 물던 사람들은 서울숲공원에서 저 멀리 떨어진 서울 외곽으로 이사간 뒤가 아닐까?

계급 불문하고 누구나 센트럴파크의 잔디밭에 드러눕기를, 옴스테드도 희망했을 것이다. 하지만 그는 미처 예상하지 못했을 것이다. 센트럴파크 잔디밭 한 웅큼이 내려다보이는 30평아파트(미국의 30평아파트는 우리나라보다 크다고는 한다)가 100억원이 넘어가리라고는.

녹색은 희망의 색이다. 그런데 녹색 역시, 다른 색과 마찬가지로, 평등하지 않다. 그래서 장기적으로든 단기적으로든 녹색도 '물관리' 를 한다. 앞으로는 도시를 염려하고 걱정하는 이들이, 녹색을 양적으로 늘려가는 것에 그치지 않고 녹색이 도시 구조를 어떻게 재편하는가를 염두에 두었으면 좋겠다. 청계천 복원이 반가우면서도 우려스러운 것이 바로 이 때문이다.

02 녹지 조성과 개발

장 보 혜_연구공간 수유+너머 연구원

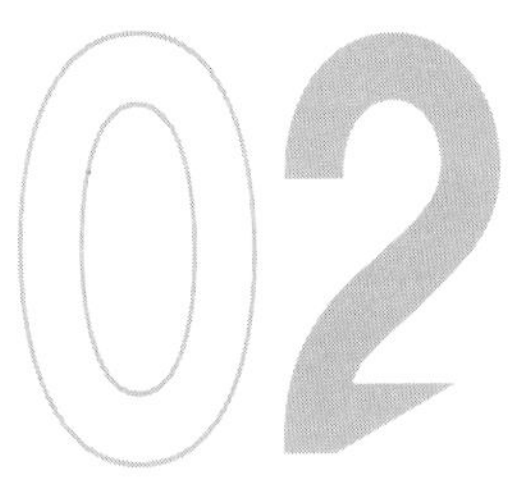

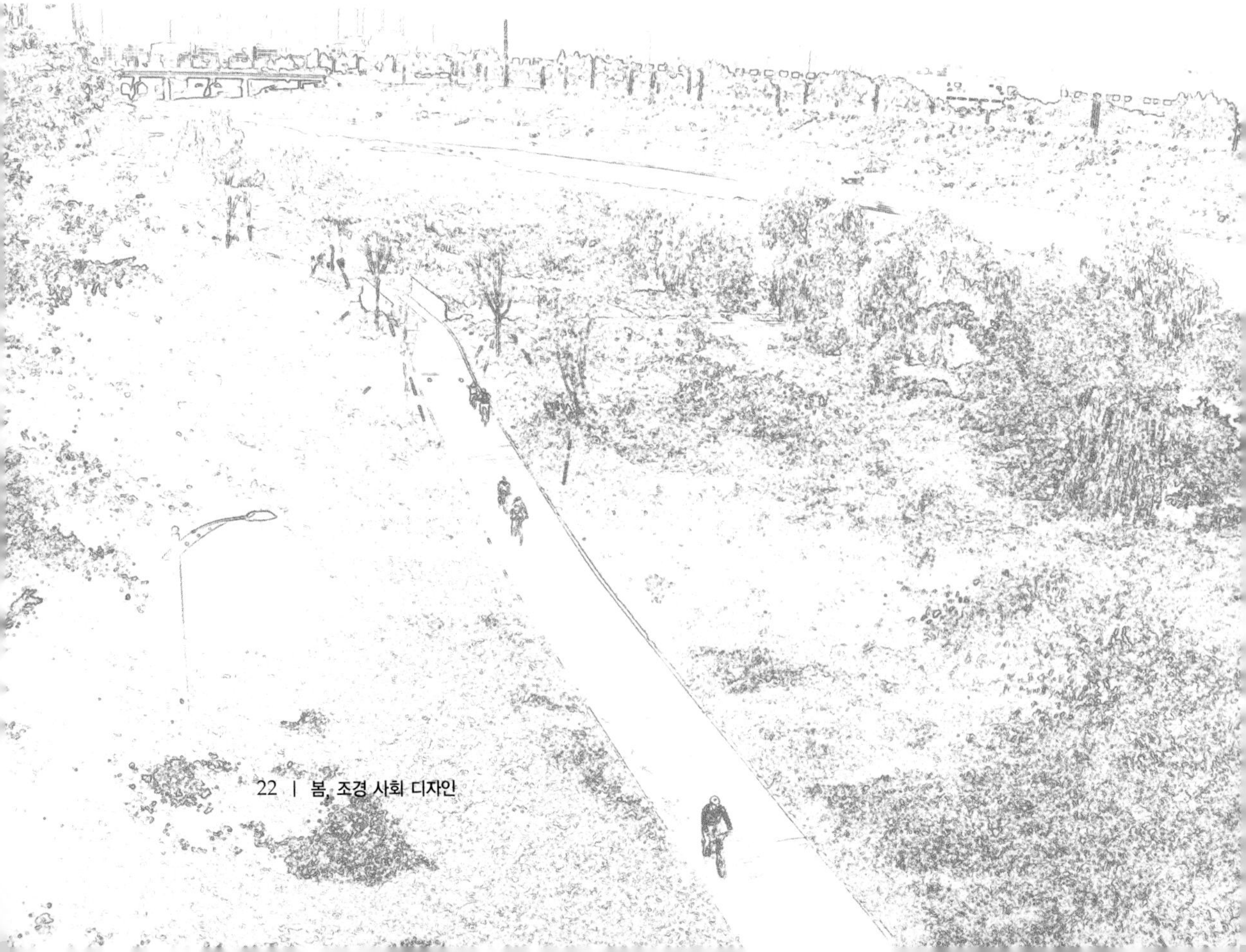

오래전에 보았던 미야자키 하야오의 애니메이션 〈원령공주〉에서 나는 지금도 두 장면을 또렷이 기억하고 있다. 하나는 숲 속 깊숙한 곳에 있는 고요하고 신비로운 연못이다. 아시타카는 온몸에 화약 파편을 맞아 빈사상태에 빠진다. 죽어가는 그를 도깨비공주가 데려간 곳이 이 연못이다. 물 속에 있는 동안 상처가 저절로 아물고 아시타카는 기적처럼 회복된다. 또 하나는 사슴신이 머리를 잃자 대지가 생명의 소용돌이에 빨려든 직후의 장면이다. 이제 끝이구나 생각하는 순간 갑자기 새 생명들이 돋아나 대지를 온통 푸르게 물들이기 시작했다. 그렇게 자연의 이미지는 내 마음에 깊숙이 각인되었다.

자연은 만신창이가 된 인간의 몸을 낫게 해주며, 자연 자신은 살해되어 죽어가면서도 다른 모든 생명을 살려낸다.

녹색으로 갈아입는 도시

도시인들이 녹지에 기대하는 것도 자연의 이러한 치유력일 것이다. 바쁜 일정에 쫓기면서 하루하루를 철과 콘크리트 사이에 끼여 살아가는 사람들에게 한줌의 녹지 공간은 크나큰 위로가 된다. 녹지는 사람을 위로할 뿐아니라 도시의 병든 공간 자체도 치료한다. 오랜 세월 외면당하던 장소를 밝고 푸르게 재생시키는 것이다. 더러운 쓰레기 섬이 푸른 공원으로 바뀌자 인근 주민들은 닫았던 문을 열고 산책을 나오고, 소문을 듣고 멀리서도 찾아온다. 일제시대에는 민족 억압의 상징이었으며 해방 후에는 지역발전의 장애물로 여겼던 서대문형무소가 공원으로 새롭게 태어나 푸르른 기억을 만들어 가고 있다. 서울 시민의 일상 밖에 있던 선유정수장은 풀과 나무와 벌레들에 의해 화학적 변화를 겪는 공원의 모습으로 어느 날 갑자기 나타났다. 안 좋은 기억이거나 혹은 그런 기억조차 없던 공간들이 이제는 추억을 만들어가는 장소가 되고 있다.

일부 지역이 녹지로 기능이 바뀔 뿐아니라 서울의 녹지 비율 자체가 늘고 있다. 서울시는 북한산-종묘-남산의 녹지축을 연결하고 동서로는 청계천을 복원하여 생태를 복원하고 녹지율을 확대할 계획이라고 한다. 녹지가 많아진다는 것은 좋은 일이다. 게다가 어느 한 지역에 편중되는 것이 아니라 누구나 가까이에서 녹지를 접할 수 있도록 도처에 녹지를 조성할 계획이라니 참 반가운 소식이다. 시민들도 생활환경의 질에 대해 관심이 높아졌다. 어떤 아파트 단지에서는 주민들이 나서서 물을 끌어와 단지 안에 개울을 만들었다고 한다. 웰빙 바람을 타고 건설 회사들도 녹색 이미지로 아파트 마케팅에 나서고 있다. 녹지 자체가 경제적으로 환산될 정도로 녹지의 가치를 사람들이 인식하게 되었다는 지표일 것이다.

그래서 녹지를 조성하면 차츰 주변 지역이 개발되기도 한다. 녹지는 들어선 자리의 환경을 개선할 뿐 아니라 주변에 긍정적인 영향을 미치며 가시적으로 그 효과는 지가 상승으로 나타난다. 실제로 2005년 6월 서울숲이 개장하자 주변 지역의 땅값과 집값이 큰 폭으로 올랐다. 청계천 복원 역시 같은 영향을 미쳐 종로구는 2005년 9월 주택 투기 지역으로 관리대장에 올랐다. 노후 불량 주거지역에서 고급 주거지역으로, 영세 상공업지역에서 고급 대규모의 업무 및 상업지역으로 변화할 것을 기대하며 무엇보다 지가가 먼저 뛰는 것이다. 땅값이 오른다는 것은 무엇이 되었든 매력이 있다는 말일 텐데 녹지 조성으로 인한 경우에는 특히 거주 환경이 좋아졌음을 나타낸다. 어찌 보면 개발의 도구라고 비난할 수도 있겠지만, 다름 아닌 녹지가 촉매가 되는 개발이라니 어딘지 멋져

원남동 사거리. 고가도로가 철거된 후 동네 분위기가 밝아졌을 뿐 아니라 고층빌딩이 신축되고 낡은 건물은 새단장을 하고 있다.

보인다. 심지어는 주로 대학병원이나 관공서, 백화점 등의 건축이 이끌던 기존의 지역 발전 논리와는 다른 참신함조차 있는 것 같다.

이런 배경에서 공원 등의 녹지 조성 사업은 지역 주민들이 환영하고 지지하는 가운데 진행된다. 그래서 어떤 경우에는 거의 불가능해 보이던 사업도 공원을 통해서라면 가능하게 된다. 청계천의 경우도 그러한데 '청계천 복원' 외에는 청계고가며 주변의 '노후불량시설' 밀집 지역을 재생시킬 방법은 없었을지 모른다.

청계천 복원 사업

청계고가는 한때 우리나라의 경제 발전과 현대화의 상징이었지만 구조물이 낡아감에 따라 많은 문제가 생겼다. 고가 상판을 교체하고 복개 구조물을 보수하는 공사가 잦아졌다. 미군들은 붕괴위험으로 청계고가를 이용하지 않는다는 소문이 떠돌았다. 복개구간 내에는 가스가 차서 언제 폭발할지 모른다는 소문도 있었나. 그렇지만 모두들 어쩔 수 없다 했다. 이 교통지옥 서울 도심에서 어떻게 한단 말인가, 모두 고개를 저었었다. 그러던 청계고가가 어느 날 헐리기 시작하더니 지금은 그 밑으로 물이 흐르고 있다.

2년 3개월이라는 짧은 시간에 그러한 대 변신이 가능했던 것은 여러 가지 힘과 조건들이 맞아 떨어진 결과이다. 청계천은 단순히 물길이나 녹지를 만드는 사업만이 아니었다. 서울시는 청계천 복원이 파괴적인 개발의 시대가 끝났음을 알리는 선언이라고 했다. 청계천 복원에다 사람들은 역사와 문화 그리고 생태라는 가치를 걸었다. 청계천 복원과 도심의 물리적 환경 개선에 대한 기대가 모였고 그 탄력을 받아 새 시장이 공사를 밀어붙였다. 청계천 일대를 근거로 살아가는 사람들도 결국 청계천 복원이라는 대의명분에 동의했다.

하지만 복원 계획이 윤곽을 드러냄에 따라 많은 이들은 걱정하기 시작했다. 그리고 완공된 청계천의 모습에 그들이 느낀 감정은 한마디로 배신감이었다. 복원된 청계천은 역사적인 복원과도 생태적인 복원과도 거리가 멀었다. 도로를 걷어내자 수백 미터에 달하는 호안석축이 드러났고 여기저기에서 아기자기한 이야기를 담고 있는 과거의 흔적들이 발굴되었다. 하지만 석축을 이루던 돌덩이들은 지금껏 중랑하수처리장 마당에 뒹굴고 있다. 광교도 수표교도 제대로 복원되지 않았다. 차라리 복원하지 않는 편이 나았다고 문화 관계자들은 후회한다. 생태적인 기준에서는 콘크리트 어항이라 평가되고 있다. 바닥에는 차수막을 깔고 양 옆으로 콘크리트 벽을 두른 어항에 전기모터로 한강 물을 끌어온 긴 분수라는 얘기이다. 그래서 조명래, 홍성태 등은 이 복원을 또 다른 개발로 규정하고 '신개발주의'라고 비판해 왔다. 표면적으로는 환경을 고려하고 제도적 절차를 존중하는 것 같지만 실질적으로는 이를 이용하여 더욱 교묘한 개발주의를 펼친다는 것이다. 역사와 문화가 어우러진 청계천으로 복원하겠다, 자연과 도시가 조화를 이루는 청계천으로 복원하겠다는 공언은 실은 도심재개발의 물꼬를 트기 위한 전초작업이라는 것이다.

청계천 공구상가. 간판 디자인을 바꾸는 등 달라진 분위기에 맞추고 있다. 외관은 분명 좋아졌다. 하지만 상업 활동에도 좋은 물리적 배치인가는 의문이다.

청계천 복원의 재구성

이것이 복원의 전부이고 끝이라면 우리는 지금 거대한 사기극을 보고 있는 것이다. 하지만 어차피 2년 3개월 동안 복원할 수 있는 일이 아니었다. 그동안의 작업은 첫 단계의 작업이라 생각하자. 구조물을 걷어내고 주변 교통을 정리하는 일이었다고 차라리 생각하자. 그 와중에 역사적 유물과 유적들이 손상을 입었다. 조심스럽게 해야 할 작업이었는데, 너무 거친 사람들의 손에 일을 맡겼던 때문이다. 생태적 복원은 콘크리트 벽으로 제한되는 경계 안의 물길만으로 해결할 수 있는 문제가 아니다. 근본적인 생태 복원을 원한다면 도시 전체의 시스템을 바꾸는 문제로 풀어야 할 것이다. 인왕산과 북한산 및 남산에서 발원한 물길과 청계천을 연결시키고, 토양 피복률을 낮추고 투수성이 양호한 재료로 바꾸어 지하수위를 유지하고, 청계천에 맞는 빗물 활용 시스템을 개발할 필요도 있다.

한편 청계천을 역사적으로 복원한다 했을 때 우리는 어떤 시대에 맞춰야 하는가. 청계천은 특정한 시대만의 것이 아니었으며 시간에 따라 그 모습이 변해 왔다. 청계천이 복개되고 고가로 자동차가 달리던 시절조차 간단히 지워버릴 시간은 아니다. 게다가 이제는 청계천을 청계로로만 경험한 사람들이 다수가 되어버렸다. 때문에 청계천 복원에 앞서 해야 할 일은 청계천에 대한 우리의 기억을 복원하고 창조하는 일이다. 그리고 이 일은 이미 시작되었다. 텔레비전에서는 청계천에 관한 특집을 기획하여 방송하고 있으며 신문지상에도 관련 기사와 특집들이 쏟아지고 있다. 청계천의 과거에 대한 연구와 청계천에서의 다사다난했던 기억들이 책으로 묶여져 나오고 있다. 각종 문화센터에서도 청계천 관련 강좌나 답사를 하고 있다. 지나가버린 역사의 복원과 새로 만들어야할 생태적 하천. 이 일들은 앞으로 차차 해결해 가면 될 문제이다.

하지만 이미 형성된 생태계 하나가 파괴될 위기에 처해 있다. 시급한 문제는 이것이다. 지난 50년 동안 이곳을 삶의 터전으로 삼은 청계천 상인들은 여기에서 하나의 생태계를 훌륭하게 일구어 내었다. 청계천 좌우로는 공구 상가와 조명 상가들이 줄지어 있으며 가게 뒤로는 제조공장들과 운송업체가 있고, 그 뒤로는 주거지가 있다. 그들 사이에 얽히고설킨 복잡한 그물망은 세월만이 짤 수 있는 그물이다. 그러나 서울시는 효율성과 최대다수의 최대행복이라는 이름으로 그 세월의 그물을 걷어내려 하고 있다. 도시공간의 갑작스런 변화는 이 그물의 질서를 교란시킨다. 생활 기반이 무너지고 공동체는 갈가리 찢긴다. 이 틈바구니에서 아주 가끔 벼락부자가 나오기도 한다.

강북은 오랫동안 개발 규제에 묶여 있었다. 그 사이 논밭이던 강남이 개발되어 아파트와 오피스 숲으로 변해가고 땅부자가 양산되었다. 이제 강남북간 균형개발 운운하며 강북에 도심재개발 바람을 불어넣고 있다. 하지만 공간의 균형개발이 혜택도 공평하게 돌아갈 것을 보장하지는 않는다. 자본과 투자자들은 그야말로 미끄러지듯 공간을 넘나들기 때문이다. 그동안 재개발의 움직임이 전혀 없었던 것은 아니었다. 그러나 복잡한 토지소유 관계와 이미 일정 수준에서 지가가 형성되어 있었기 때문에 차라리 강남 개발이 손쉬웠다. 을지로나 종로의 고층빌딩 뒤에는 최근

동대문 운동장 풍물시장. 거리에서는 도시와 함께 호흡하던 삶이었는데 이곳, 바깥 세상과는 단절된 또 다른 세상이다.

청계천에는 한강물만 흐르는 것이 아니다. 도처에서 몰려든 관광객들로 청계천은 범람 직전이다. 이 물은 어디로 넘쳐 흐르게 될까?(사진: 최정민)

까지도 단층 한옥들이 빼곡했다. 그 강북이 바뀌고 있다. 아파트나 주상복합이 들어서기 시작했다. 고가도로가 철거되고 밝아진 도로 좌우로 고층 빌딩이 들어서기 시작했다. 그리고 청계천이 열렸다. 청계천으로는 한강 물만이 흐른 것이 아니다. 각지에서 몰려든 사람으로 청계천은 또 한번 흘렀다. 사람들의 물결은 홍수가 되어 청계천 일대를 곧 덮칠 것이다.

서울시는 처음부터 청계천 복원과 연계한 도심재개발에 대해 청사진을 갖고 있었던 것으로 보인다. 2004년 2월에 서울시정개발연구원은 '청계천 복원에 따른 도심부 발전계획안' 을 내놓은 바 있다. 이 안에 따르면 도심부에서 개발할 곳과 보존할 곳을 구분해 관리하고, 재개발지구에는 주거기능을 확충하여 2020년에는 현재 인구의 두 배인 8만 명이 4대문 안에 거주하게 된다. 이 계획이 실현된다면 지금의 공구상가가 밀집한 지역과 배후의 저밀 주거지역은 아파트로 재개발되어야 할 것이다. 하지만 이 문제는 받아들일 것을 강요당하는 입장에게는 상당히 곤란한 문제이다. 소수 혹은 개인에게 다수의 행복을 위해 다수의 결정을 받아들이라고 강요하는 것은 도대체 정당한 일인가. 은평구 진관내동에서도 같은 문제가 진행 중이다. 한양주택 사람들은 은평 뉴타운에 포함되기를 거부하고 지금까지 살던 대로 살기를 원하고 있다. 과연 누가 결정해야 하는 문제일까. 이런 사태를 앞두고 있는 청계천 상인들에게 청계천 복원은 거스르기 힘든 흐름으로 작용할 것이 분명하다. 청계천 공구상 상인의 눈에 청계천은 녹색의 고속도로로 보이지 않을까. 그리고 청계천변을 거니는 사람들은 그 고속도로를 달려오는 포크레인과 불도저로 비치지나 않을런지.

서울에서 자연 하천으로는 거의 유일한 탄천. 청계천에서 꼭 이런 자연을 기대하는 것은 아니다.

도시 녹지 개발

어떤 시설도 홀로 고립되어 존재하지 않는다. 다른 지역으로 영향을 미치고 사회적으로 기능한다. 그러고 보면 도시의 메커니즘은 생태계의 메커니즘과 본질적으로 크게 다르지 않다. 오히려 도시도 하나의 생태계이다. 그렇기 때문에 도시 공간을 다룰 때에는 좀 더 세심한 주의가 필요하다. 더구나 청계천 프로젝트와 같이 도심을 동서로 길게 걸치고 있는 경우에는 특히 주변의 '인문적 생태' 에도 관심을 기울여야 한다. 하나의 물길이 다양한 성격의 공간을 관통하게 될 것이기 때문이다. 그리고 그 공간에는 사람과 역사와 문화가 담겨 있으며 이 요소들이 어우러져 도시를 이룬다. 모두에게 좋은 사업, 모두에게 좋은 도시환경이라면 어떤 사람들에게도 좋은 사업과 환경이었으면 좋겠다. 다른 동식물의 건강한 생존권이 보장되어야 하는

우리가 만드는 녹지와 공원과 도시는 풍경이 아니라 차라리 무대이다. 거리의 주인공들, 동대문 오토바이 부대

시민아파트를 허물고 조성한 낙산공원. 이곳에 살던 사람들은 다들 어디로 갔을까? 아파트가 녹지를 허물기도 하고 녹지가 아파트를 허물기도 한다. 녹지는 자연이자 개발이고 또 인공이다.

것과 마찬가지로 기존 거주자의 생존권과 사람들의 관계와 기억도 존중되어야 한다. 도시에서 생태 문제를 진지하게 고민한다면 동식물이나 물길뿐 아니라 사람도 고려하는 것이 당연하다.

청계천 복원이 불만족스럽다면 그것은 콘크리트 수조와 전동펌프 때문만은 아닐 것이다. 광교와 수표교를 제대로 살리지 못했기 때문만도 아니다. 그것은 청계천을 생활 터전으로 삼고 살아온 사람들을 제외했기 때문이다. 개발독재 시대의 잔재물을 청산한다는 이름으로 그 시대를 꿋꿋이 살아낸 사람들과 그들이 일구어 낸 업적들도 함께 내다버리려 하고 있다. 새롭게 조성된 청계천에 어울리지 않는다고 기존 거주자들을 멀리 이주시키고, 그림이 어울리는 새로운 입주자를 찾는 일은 우습다. 청계천을 생태하천으로 만들려 한다면 무엇보다도 기존 거주자들의 거주

권과 생존권을 존중해야 한다. 그리고 이런 태도야말로 생태적인 접근 방법일 것이다.

생태운동은 삶을 대하는 태도의 문제이다. 인간은 자연의 관찰자로서 혹은 보호자로서 한 발짝 뒤로 물러서 있는 운동이 아니다. 인간 자신이 죽고 사는 문제와 무관하지 않다. 생활 전반에 관한 문제이고 삶을 근본적으로 바꿀 것을 요구하는 명령이기도 하다. 그러나 우리는 생태적 이미지만을 소비하고 있는 것은 아닐까. '화장술'로서의 생태가 아니라 디자인 방법이자 과정이자 철학으로서의 생태여야 한다. 그렇지 않을 때 녹색은 더 이상 생명의 빛깔이 될 수 없다. 청계천 복원은 이 점을 적나라하게 보여주고 있다.

그동안 새로 조성된 청계천에 대해 그리고 그 과정에 대해 많은 말이 오갔다. 어쨌든 우리시대가 새로운 청계천을 맞게 되었다는 사실은 반가운 일이다. 그리고 청계천 복원 사업은 도심개발의 모델로서 앞으로 한동안 상당한 영향력을 발휘할 것이다. 그럼에도 청계천 복원에 대한 부정적인 측면늘을 다시 돌아보는 이유는 거기에서 배울 점이 있기 때문이다. 그 부정적인 비판들을 뒤집어 보면 긍정적인 생성의 문법을 구성할 가능성이 보이기 때문이다.

사슴신은 이미 오래전에 살해되었다. 자연을 인간의 손으로 만들 거라면 한번 제대로 만들어 보자. 돌멩이랑 풀만 다루지 말고 인간도 포함시키고 세월도, 그리고 기왕이면 도시 전체로 판을 넓게 벌여보자.

03 신자유주의 시대의 조경

최 정 민_대한주택공사 환경조경팀 차장

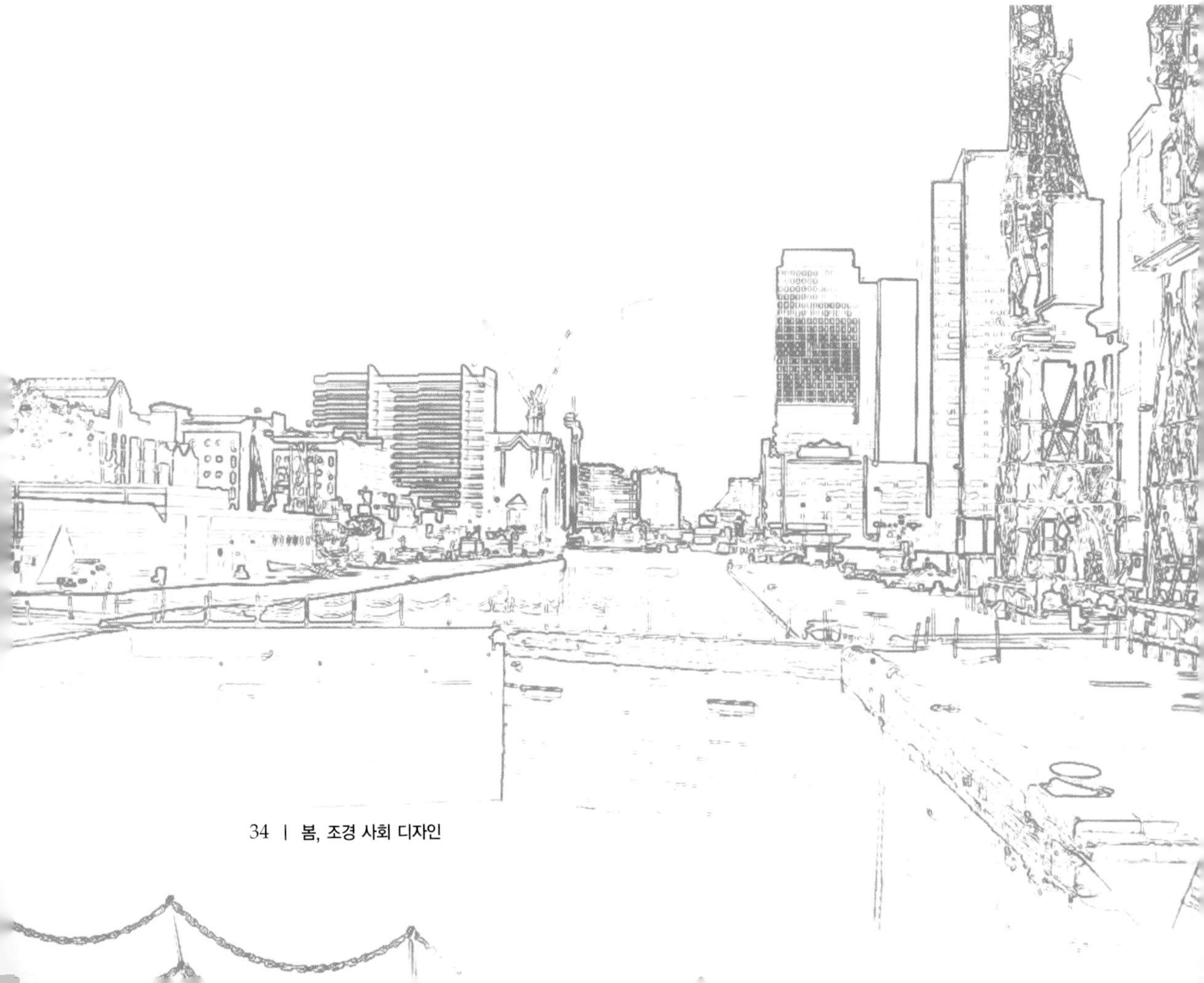

때를 만난 조경

줄기세포 문제가 불거지기 전까지 청계천 복원사업은 우리 사회의 이목을 집중시킨 가장 큰 이슈 가운데 하나였다. 다양한 찬사와 함께 제기된 여러 가지 비판은 사회적 논란을 불러 일으켰고, 그 중심에는 조경이 있었다. 조경은 이제 긍정적이든 부정적이든 세간의 중요 관심사인 것이다. 청계천 복원사업 뿐만 아니라 〈선유도공원〉, 〈여의도공원〉, 〈평화의공원〉, 〈서울숲〉 같은 한국조경의 한 획을 그을만한 작품들이 사회적 이목을 집중시켰다. 이들에게는 조경을 통해 환경과 삶의 질을 개선하고 도시공간구조를 재편하고자 하는 바람이 담겨있다. 이러한 현상은 세계 각국에서 공통적으로 벌어지는 것이기도 하다.

이미 파리의 〈라빌레트공원*Parc de La Villette*〉, 〈시트로앵공원*Parc Andre Citroen*〉, 〈베르시공원*Le Parc de Bercy*〉 등과 독일 루르의 〈엠셔공원*IBA Emsher Landscape Park*〉, 포르투갈 리스본의 〈테호 트랑카오공원*De Parque do Tejo e Trancao*〉 등은 '새로운 공원' 이라는 기치로 세계적인 이목을 집중시켰었다. 최근에는 21세기의 서막을 장식했다고 평가받는 〈다운스 뷰*Downsview Park Competition*〉, 〈프레쉬 킬스*Fresh kills Competition*〉같은 실험적인 작품들이 이목을 끌면서 현대조경의 경향을 선도하고 있다. 이러한 작품들이 보여주는 새로운 실험들은 조경에 있어서는 변방이지만, IT 강국인 한국에서 시간과 공간을 압축시켜 거의 실시간으로 소비되고 있기도 하다.

이처럼 주목받고 있는 프로젝트들은, 그 대상지가 산업시설이 이전한 땅이거나 도심의 낙후되고 소외된 지역들이라는 점 이외에도 많은 공통점이 있다. 이들은 지역의 환경을 획기적으로 개선하여 경제적 활성화와 지역의 정체성 회복을 도모하는 도심재생urban regeneration과 결부되어 태동되었다. 그 핵심적 전략은 복합개발과 세련된 조경, 대규모 공원의 조성 등이다. 그 설계 개념이나 전략은 기존의 규범을 넘어서는 혁신적인 작품과 도시와의 새로운 관계 모색에 초점이 맞추어져 있다.

그림1. 선유도공원
그림2. 서울숲
그림3. 라빌레트공원
그림4. 테호 트랑카오 공원
그림5. 베르시공원의 포도나무

이 같은 현상에 대한 설명이나 해석은 다양하다. 삭막한 도시경관을 양산한 모더니즘에 대한 반성이나 시대적 패러다임의 변화 같이 거스를 수 없는 흐름으로 보기도 하고, CNU[1]의 건축사회운동인 뉴 어바니즘New Urbanism이나 랜드스케이프 어바니즘Landscape Urbanism, 라이트 어바니즘MVRDV, 뉴어바니즘Rem Koolhaas 같은 이론으로 설명되기도 한다. 한편으로는 해체주의나 미니멀리즘, 포스트모더니즘 같은 미학적 관점에서 해석되기도 한다. 이러한 설명이나 해석들은 현상에 대한 이해를 도울 뿐만 아니라 변화하는 도시에서 조경이 지향해야할 방향을 제시해주기도 하며, 새로운 조경의 설계전략으로 이론적 지평을 넓히는데 기여하고 있다.

그래도 여전히 개운치 않은 것은, 이와 같은 견해들이 의사결정자들을 성찰하게 만들고 새로운 시도를 하게 만드는 근본적 동인인가 하는 것이다. 물리적 환경을 다루는 분야—도시, 건축, 조경 같은—의 성찰적 전통에 대해서도 의구심이 든다. 유사 이래로 권력에 반하는 니사인 신념을 주장한 디자이너가 있었는지에 대한 확신이 없기 때문이다. 또 사조가 시대의 흐름을 바꾼 것인가 아니면, 시대의 흐름이 예술적 사조를 키웠느냐의 관점에서 보면, 이즘은 현상을 이해하는데 도움을 주지만 그 현상이 왜 일어났는가 하는 근본적인 질문에 대한 답을 주는 것은 아닌 것 같기 때문이다. 어떤 현상이 일어나는 것에 대한 동인에 관심을 갖는 것은, 동인을 알지 못하고 현상에 대한 이해만으로는 어디로부터 와서 어디로 갈지에 대한 예측이나 전망이 불투명하기 때문이다. 어디로 갈지 모른다는 것은, 그들(서구 조경)이 다른 무언가를 내놓을 때까지 우리는 그들이 내놓은 것을 반복 학습하고 있어야 된다는 말과 다르지 않다고 생각된다. 서구적 생각과 이론을 수입하고 소비하는 조경의 식민성을 보여주는 한 단편이다.

1) Congress for a New Urbanism, 1993.

변화와 패러다임을 움직이는 근본적 동인을 읽는데 도시 · 사회 · 경제 · 지리학자들의 논의는 유용하다. '자유', '경쟁', '시장', '효율', '개방' 등으로 대표되는 신자유주의[2]는 자본의 자유스러운 이동을 막는 장치나 규제는 철폐하고 자본이동의 장벽이 없는 세계화를 추진한다. 국가의 역할은 축소되고 공적영역은 위축된다. 대량생산 대량소비의 포디즘Fordism 시대에서 다품종 소량생산을 통해 경쟁력을 강화하는 신자유주의의 유연적 축적 시대로의 변화는 다양한 도시적, 사회적 패러다임의 변화를 가져왔다는 것이다.

대량생산 대량소비 시대의 조경은 대표적인 비효율적 분야 가운데 하나였다. 다품종 소량생산을 통해 경쟁력을 강화하는 유연적 축적 시대의 조경은 시대적 패러다임에 가장 잘 부합하는 분야가 되었다. 조경은 전통적으로 각기 다른 장소의 그 특별함을 존중하고 그로부터 영감을 얻어왔기 때문이다. 포디즘 방식의 사고에서 생산성을 저해하는, 필요 없이 지출해야 하는 비용쯤으로 치부되었던 조경이 하루 아침에 경제적 효자 노릇을 할 수 있는 기대주가 된 것이다. 드디어 조경이 때를 만난 것이다.

신자유주의적 관점에서 조경을 바라본다는 것은, 변화하는 조경의 역할이나 설계경향이 신자유주의라는 흐름과 상호 관련되어 있다고 생각하는 것이다. 생산방식의 변화는 자본의 생산성 향상에서 기인한다. 그에 따라 산업구조가 바뀌고 도시공간구조도 재편된다. 따라서 신자유주의는 결코 경제적인 문제라고 한정할

---

2) 신자유주의는 자본주의체제의 위기국면과 맞물리면서 이 위기의 타개를 기치로 내건 영국의 대처정부(1979~1990)와 미국의 레이건정부(1980~1988)가 등장하면서부터 미국과 유럽을 지배하는 경제사상으로 자리 잡았다. 1980년대에 '외채위기'를 맞은 제 3세계 국가들이 미국 패권주의의 상징인 IMF의 권고에 따라 신자유주의를 받아들이고, 몰락한 소련 및 동구 사회주의 국가들이 미국 주도의 세계사본주의체제로 급속히 통합 · 재편되면서부터 신자유주의는 전 세계를 풍미하는 가장 중심적인 경제사상으로 자리 잡았다(최종민(2000), 한국에서 신자유주의의 유효성과 본질적 한계, 『지역사회연구』. 8(1): pp.141-153)

수 없고 정치, 사회, 문화적 현상[3]이기도 한 것이다. 신자유주의 자체가 문화적 축적 체계이기도 하고 그것이 문화적 과정이기도 하기 때문이다. 그래서 신자유주의 시대의 조경은 이렇게 달라져야 한다는 것이 아니라 보다 넓은 외부적 시각에서 조경을 성찰하고 담론의 영역을 다양화하고자 하는 것이다.

장소 경쟁의 시대

굴뚝산업으로 대표되는 구산업은 금융, 정보, 보험, 엔지니어링 같은 신산업으로 이전한다. 제조업은 생산성을 높일 수 있는 장소를 찾아 이전하고 기업의 본사는 정보의 취득이 용이하고 거주와 교육, 여가 생활이 가능한 미적으로 세련된 장소에 기업의 의사결정기관만을 남긴다. 정보통신의 발달, 이동 수단의 발전 등으로 공간적 거리는 압축되고 장소는 소멸될 것이라는 기술 우월주의자들의 예측은 빗나갔다. 오히려 좋은 환경과 매력을 가진 장소를 찾아 집결한다.[4] 장소는 더욱 중요해진 것이다.

그래서 세계 각국의 정부와 도시들은 쇠락한 지역의 환경을 개선하고 이미지를 높여 장소의 경쟁적 지위 상승을 위해 애쓴다. 도심재생을 통해 버려지거나 잊혀졌던 장소를 소생place regeneration시키고, 매력적인 장소 자산place assets을 만들며, 이미지를 개선하여 홍보한다. 이처럼 장소를 지역의 경제적 활성화와 결부하여 마케팅의 대상으로 삼는다는 측면에서 장소(도시) 마케팅place marketing[5]과 결부되어 있

3) David Harvey(1989), *The Condition of Postmodernity*, 구동회 · 박영민(역), 『포스트모더니티의 조건』 (한울, 1994).

4) Sassen, Saskia(1999), The Culture of Cities in the Information Age, In Susser Ida, eds., *The Castells Reader on Cities and Social Theory*, Black Well, 2002. pp.323-366

5) 판매(selling)가 판매자의 필요에 초점을 두고 소비자들이 구매하도록 애쓰는 단순한 상업행위라면, 마케팅(marketing)은 구매자의 필요에 초점을 맞추고 소비자의 욕구에 부합하고자 노력하는 철학이자 이데올로기이다(Fretter, 1993).

그림6. 암스테르담의 도시마케팅 사례
(자료: City of Amsterdam, 2003, 1011PN Amsterdam)

그림7. 로테르담 전경

다(김형국, 2002[6]; 이무용, 2003[7]; Fretter, 1993[8]).

이처럼 신자유주의의 경쟁과 시장 원리는 도시와 장소에도 적용된다. 도시 간, 장소 간의 경쟁은 한 장소의 경쟁력 강화가 다른 장소의 쇠퇴로 이어지는 제로섬zero sum 게임의 경쟁원리가 도입된 시장이 된다. 장소 마케팅은 '장소차별화 전략' 을 통해 매력을 높이고 장소의 경쟁력을 강화한다. 매력 있는 장소의 흡인력은 더욱 좋아지기 때문이다(이무용, 2003). 역사적 건축물과 장소의 문화유산은 차별화된 장소 자산으로 그 가치를 새롭게 인정받게 되었다. 도심의 쇠락한 장소와 산업 이전적지, 랜드 필 등 낙후된 지역들은 매력적이고 편리하며 세련된 장소로 소생된

6) 김형국(2002), 『고장의 문화판촉-세계화시대 지방의 살길』, 서울: 학고재

7) 이무용(2003), 『장소마케팅 전략에 관한 문화정치론적 연구-서울홍대지역 클럽문화를 사례로』, 서울대 박사학위논문.

8) Fretter, A.D.(1993), "Place Marketing: a local authority perspective," Kearns G. & Philo. C., 1993, *Selling Places: the city as cultural capital, past and present*, Pergamon Press.

다. 장소의 대두는 다양한 지역적 이점을 찾아 지방정부와 직접적인 관계형성을 선호하는 국제자본의 이해관계와 맞물려 있는 것이다.

영국 쉐필드Sheffield의 철강·중공업 도시였던 돈밸리와 산업혁명의 발상지인 맨체스터Manchester는 구산업이 퇴조하면서 쇠퇴일로에 있다가 지역 이미지 재구축을 통해 지역 활성화에 성공한 도시마케팅 사례로 소개되고 있다. 네덜란드 로테르담Rotterdam과 암스테르담Amsterdam은 '물의 도시Water City' 라는 주제를 가지고 이미지를 개선한 성공적인 장소 마케팅 사례이다(그림6, 7). 매립지와 허드슨 강변의 황폐한 항만이었던 뉴욕의 〈배터리 파크 시티*Battery Park City*〉는 복합개발을 통해 배터리파크, 윈터가든Winter Garden, 에스플러나드Esplanade공원 같은 공공공간을 확보하여 매력 있는 도시환경을 조성하였다. 이를 통해 시민의 여가공간을 제공하고 민간투자 개발을 유치함으로써 공공투자의 정당성과 사업에 대한 정치적 지지를 확보

그림8. 배터리 파크 시티(사진: 배민호)
그림9. 배터리 파크(사진: 배민호)

한 성공적인 도심재생 사례로 평가받고 있다(그림8, 9). 이와 자주 비교되는 런던의 도크랜드Dockland는 이전에 황폐한 항만과 창고부지였다는 공통점이 있다. 도크랜드 역시 경전철, 도로 같은 공공부문에 많은 투자를 하였다. 그러나 주민들의 복지 향상에 기여할 수 있는 공공공간의 확충에는 소홀하여 '수변공간 같은 도시의 소중한 자산을 사유화한다' 는 비판으로부터 벗어날 수 없었다(그림10).[9)]

이미 우리에게 공원으로 너무나 잘 알려진 파리의 라빌레트 지구(도살장), 베르시 지구(포도주 창고), 시트로앵 지구(자동차 공장), 독일 루르의 엠셔 지구(철강) 등도 구산업 이전지들이 복합개발된 사례들이다. 복합개발을 통해 대규모 공원을 지구 중심에 유치하여 지역의 이미지를 혁신적으로 개선하고, 다른 장소와의 차별성을 확보하였다. 이러한 결과에는 조성된 공원설계안의 참신성도 기여했지만, 복합개발 기획 프로그램과 의사결정, 현상 설계안을 유도해 낸 공모지침 등이 중요한 역할을 했다[10)].

몽파르나스Montparnasse지구는 노후된 도심이 복합역사, 주거, 상업, 업무시설의 복합용도로 개발되었다. 몽파르나스역의 플랫폼 상부에 조성된 〈아틀란티크 정원*Jardin Atlantique*〉은 몽파르나스의 지역성에만 주목한 것이 아니라 설계가에 의해서 지역성이 재창조 되었다는데 큰 의미가 있다. 철도 역사의 옥상이라는 지역적 특성과 프랑스 정원의 전통을 재해석하여 현대공원의 꿈을 제시함으로써 지역성이 어떻게 새롭게 태어나는가 하는 방법을 보여주었다는 평가를 받는다(그림11).[11)]

렘 쿨하스Rem Koolhaas가 교통인프라의 네트워크에서 개념을 도출하고 OMA

---

9) Fainstein, Susan S.(2001), *The City Builders: Property Development in New York and London*, 1980-2000, kansas: Univ. of Kansas. pp.123-217.

10) 조경진(1997), 라빌레트 공원 읽기, 서울시립대학교 수도권연구소 연구논총 23(1), pp.69-82

11) John Dixon Hunt, Michal Conan, Claire Goldstein ed, *Tradition and Inovation in French Garden Art : Chapters of a New History* (Penn studies landscape architecture), univ. of pennsylvania press, 2002.

10 11
12 13
14

그림10. 도크랜드 지구
그림11. 아틀란티크 정원
그림12. 유라릴의 포잠박이 설계한 크레디 리요네 빌딩
그림13. 유라릴지구의 지역의 고유한 생활상을 재현한 돈데인 공원. 포잠박이 설계한 전위적 건물과 지역의 전통적 생활상을 재현한 공원이 인접하여 공존한다.
그림14. 숲의 서식처 개념도(자료: 김상균)

에서 기본계획을 한 유라릴Euralille 지구는 역사가 일천하고 지역의 문화유산이 부족한 도시에 새로운 장소 자산을 창조한 사례이다. 황무지였던 지역에 고속전철을 유치하고 크리스티앙 포잠박Christian de Portzamparc, 장 누벨Jean Nouvel 같은 건축가의 실험적 작품을 유치하여 차별화된 장소 자산을 만들었다. 지금은 연간 1,400만명 이상의 관광객을 끌어들이는 명소로 자리잡아 가고 있다(그림12). 이러한 실험적 건축물들은 〈마티스 공원*Matisse Park*〉, 〈돈데인 공원*Dondaine Park*〉(그림13) 같이 사라져가는 지역의 고유한 생활상을 재현한 공원과 함께 공존한다. 지구의 중심부에 계획되어 있는 주거단지—600세대 규모—는 "숲의 서식처inhabited woods"라는 개념으로 주거단지가 조성되기도 전에 식재부터 하기 시작하였다(그림14). 조경은 실험적 건축과 고속철도 같은 첨단기술과 자연을 매개하고 소비시대의 경제적 활동과 전통 문화의 간극을 줄이는 매체 역할을 하고 있는 것이다.

독일 통일 후 새로운 도약을 꿈꾸는 수도 베를린의 심장부 포츠다머 플라츠Potsdamer Platz는 황폐한 도심의 재생을 통해 지역의 활성화를 이룬 모범적인 복합개발 사례로 손꼽힌다. 헬무트 얀Helmut Jahn의 〈소니 센터*Sony Center*〉, 렌조 피아노Renzo Piano의 〈다임러 크라이슬러 센터*Daimler Christler Center*〉 같은 유명 작가의 건축뿐만 아니라, 〈틸라 뒤리외 공원*Tilla-Durieux-Park*〉, 〈라이프치거 플라츠*Leipziger Platz*〉, 〈소니 플라자*Sony Plaza*〉, 〈헨리에테 헤르츠 공원*Henriette-Herz-Park*〉[12] 같은 공원과 광장, 녹지 등이 도시와 생태, 문화를 매개하고 사회적 공공성을 담보하고 있다. 지금은 연간 1,600만명 이상이 찾는 문화와 관광의 중심지로 부상하였다. 이러한 성공은 조화와 예술, 상업공간보다는 문화공간 확보를 중시한 베를린 시의회의 엄격한 지침이 무엇보다 중요한 역할을 했다(그림15).

---

12) http://www.stadtentwicklung.berlin.de/planen/staedtebau-projekte/leipziger_platz/de/realisierung/oeff_raeume

15
16

그림15. 포츠다머 플라츠의 틸라 뒤리외 공원
그림16. 리스본의 '98 EXPO SITE와 테호 트랑카오 공원

프로그램의 창조적 해석과 재생전략의 독특성, 뛰어난 형태 창조라고 평가받는 리스본의 〈테호 트랑카오공원〉—하그리브스 설계—은 '98 엑스포EXPO와 함께 태어나 지역의 이미지 개선과 도시의 경쟁력 강화에 크게 기여하였다(그림16). 역시 쓰레기 매립지였던 뉴욕의 〈프레쉬 킬스〉도 잘 알려진 장소 소생 계획이다. 군사시설 이적지인 캐나다 토론토의 〈다운스 뷰 공원〉 현상설계 당선작 〈*Tree City*〉도 자연과 문화의 연속성을 중시한 전략으로 공원과 도시의 새로운 관계를 탐색하였다는 평가를 받는 장소 소생 계획이다. 또 최근에 소개되고 있는 매사추세츠의 〈버저드 베이*Buzzards Bay* 브릿지 파크〉 국제현상공모는 쇠퇴한 지역의 경제와 문화를 공원이라는 매체를 통하여 되살리려 하는 의도가 선명하다(그림17).[13]

---

13) 김아연(2005), 브리지 파크 국제설계경기에 나타난 현대 조경 설계의 경향, 『한국조경학회지』 33(5). http://www.buzzardsbayvillageassociation.org

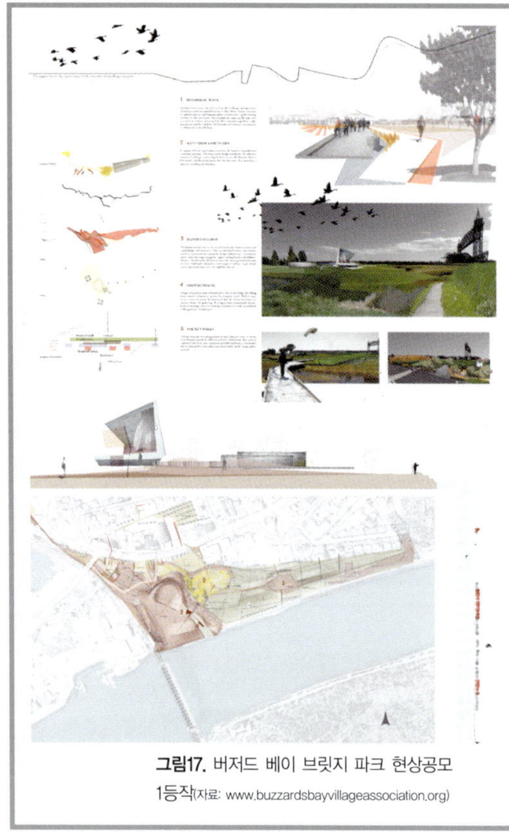
그림17. 버저드 베이 브릿지 파크 현상공모 1등작(자료: www.buzzardsbayvillageassociation.org)

가까운 일본의 경우도 항만으로써의 경쟁력을 상실한 요코하마 항만을 〈미나토 미라이21*Minato Mirai 21*〉, 〈야마시타 공원〉, FOA 설계의 〈국제 여객터미널〉 등을 통해 장소를 소생시키고 있다(그림18, 19). 또한 후쿠오카의 〈캐널 시티 하카다*Canal City Hakata*〉, 동경의 〈록본기 힐스*Roppongi Hills*〉, 오사카의 〈남바 파크*Namba Parks*〉, 〈시오도메 시오 사이트 *Siodome Sio Site*〉, 〈오아시스 21*Oasis 21*〉 등은 수경시설, 정원과 광장, 생태, 환경을 중심 컨셉으로 세련된 장소를 창출하고 장소 자산 만들기에 성공한 대표적인 도심재생 사례들이다(그림20, 21). 〈캐널시티〉와 〈오아시스 21〉은 수경시설을 중심 테마로 상업 활동을 촉진하고 도시민의 여가와 관광의 명소로써 자리매김하고 있다. 〈록본기 힐스〉는 에도시대 무사의 정원을 보존하고 대지면적의 절반 이상을 조경에 할애함으로써 도쿄의 문화적 중심이자 일본을 대표하는 문화도심을 지향하고 있다. 〈남바파크〉는 도시 위에 자연park을 겹친 컨셉으로 자원순환, 생태계 회복이라는 명제 아래 옥상녹화, 중수이용, 재생포장재 등을 도입한 환경공생이 중심주제이다.

이처럼 세계 각국은 용도가 폐기되거나 잊혀진 장소를 소생시키고, 매력적인 장소 자산을 만들어 지역의 경제적 활성화를 도모한다. 공원과 녹지, 광장, 세련된 조경은 이러한 전략의 핵심적 역할로 대두되고 있다. 국제적인 현상공모 방식은 관심을 증폭시키면서 시너지 효과를 얻고 있다. 쥬킨이 이야기 하듯이 장소를 보고 느끼는 미적aesthetic인자와 문화culture가 주요한 경제적 요인이 되는 것이다. 매력 있는 장소는 단순히 상품의 소비를 촉진시키는 단위에서 벗어나 사람들을 불러들이고 인접 장소에 영향을 준다.[14] 장소 자체가 직접 소비되는 것이다. 이러한 현상은 대부분의 가치 요소를 경제적인 가치로 환원하여 인식하는 신자유주의 시대의 특성이기도 하다.

신자유주의 시대 조경의 전략

세계의 도시와 장소들은 자신의 경쟁적 지위 향상을 위해 '차별화된 장소' 만들기를 통해 장소 자산을 축적한다. 프레터Fretter, A. D.가 강조하듯이 "차별성을 찾는find a real point of difference"[15] 것은 장소마케팅의 핵심적 요소이기 때문이다. 장소의 '차별성' 은 장소의 이미지image 부각을 통해 강조된다. 이미지의 부각은 스펙터클spectacle에 대한 투자이다. 스펙터클은 기 드보르Guy Debord[16]가 지적하듯이 '하나의 이미지가 될 정도로 축적된 자본' 이다. 이미지와 스펙터클이 넘쳐나는 것은 신자유주의의 탈 국경화와 세계화 전략이기도 하다. 자본과는 거리가 있다고 생각되는 영역인 공원, 환경 친화, 생태, 웰빙 등이 대중 매체를 통해 이미지로 우리의 일상 속으로 들어온다. 자본의 영역으로 포섭되기 시작한 것이다. 이제 더 이상 자본의 영역이 아닌 부분을 찾아내기 힘들어진 것 같다.

다원주의를 근간으로 차별성difference을 강조하는 신자유주의 시대는 모더니즘의 중요한 가치였던 독창성originality을 가치척도로 내세우지는 않는다. 독창성이

---

14) Zukin, Sharon(1995), *THE CULTURE OF CITIES*(Cambridge, MA: blackwell).

15) Fretter, A.D.(1993), "Place Marketing: a local authority perspective", Kearns G. & Philo. C., 1993, *Selling Places: the city as cultural capital, past and present*, Pergamon Press, pp.163-174.

16) Guy Debord(1983), 이경숙 역, 『스펙타클의 사회』, 현실문화연구

그림18. 미나토 미라이 21 **그림20.** 록본기 힐스의 정원
그림19. 요코하마 여객 터미널 **그림21.** 캐널 시티 하카다

자기중심적인 태도를 가진다면, 차별성은 타자성을 인정하는 태도를 지닌다는 것이 차이점이다. 이런 면에서 차별성은 독창성을 객관적으로 포괄 또는 수용하는 개념이다. 차별성은 패러디parody, 모사copy, 재현reproduction, 모작pastiche, 모방imitation, 각색adaptation 같은 개념을 수용하여 작품을 만들고 비평의 원리로 사용한다.[17] 이 같은 개념들은 포스트모던이 추구하는 가치들이기도 하다. 장소의 차별성을 강조하는 신자유주의 시대는 포스트모던의 심미적 가치들을 대부분 채택하고 있는 것이다.

차별성에 대한 강조는 '늘 새로움' 을 추구하고 사라지기를 반복한다. 어떤 장소가 뜨면 인접 장소는 쇠퇴의 길을 걷게 되는 이치이다. 마치 상품의 수명을 단축시켜 소비를 촉진시키는 전략과도 같다. 조경도 상품처럼 쉽게 생산하고, 쉽게 소비하고, 새로운 것으로 빠르게 바꾸어야 하는 것이다. 이와 같은 '가속성' 은 유연적 축적시대의 보편적 현상으로 인식된다.

유연적 축적시대는 일시성ephemerality, 가변성volatility, 즉시성instantaneity, 일회성throwaway, 적기성just-in-time 같은 가치들이 중시된다. 가속성을 획득하기 위해서는 사물들의 무겁고 둔탁한 물질성보다 이미지, 감각, 상징, 기호, 허상simulacrum에 민감해야 한다. 유연적 축적시대는 필요needs보다는 욕구desire, 깊이depth 보다는 표층surface, 원인 보다는 결과, 윤리보다는 미학, 물질보다는 담론, 생산보다는 소비, 거시macro 보다는 미시micro가 우선된다.[18] 이러한 유연적 축적시대의 보편적 현상은 비 프로그램적 이용nonprogrammed use을 통해 공간의 가변성을 중시하고, 시간성과 변화, 경관의 일시성impermanence에 주목하는 현대조경의 경향(Coner, 1999;[19] Wall,

17) 김영호(1999), '서구미술에 나타난 모방과 차용의 역사논리' , 윤범모외 편저, 한국 현대미술의 정체성, 현대미술학회 논문집 제 2호, 문예마당, pp.47-77.

18) 조명래(1999), 『포스트 포디즘과 현대사회의 위기』, 다락방

19) Corner, J.(1999), Recovering landscape as a critical cultural practice. In J. Corner, ed., *Recovering Landscape*, New York: Princeton Architectural Press, pp.1-26.

1999;[20] 배정한, 2004[21])과 깊은 유의성을 보인다. 이동movement을 중시하고, 공간의 깊이depth보다는 표면surface을 중시하는(Imperial, A., 2000)[22] 설계경향도 유연적 축적 시대의 보편적 현상과 관계가 깊다.

이 같은 현대조경의 주요한 전략들은 맵핑mapping, 포토 꼴라주, 다이어그램diagram 같은 매체에 의해 이미지화되고 효과적으로 전달된다. 이러한 전략과 접근 방법은 도시공간구조 재편에 따라 발생하는 새로운 유형의 토지에 대한 대안적 설계전략[23]으로 능동적인 조경의 역할과 가능성을 제시하고 있으며 새로운 조경을 보여주고 있다고 평가받는다. 이러한 설계전략을 통해 만들어지는 새로운 장소들은 장소의 '차별성'을 부각시키는데 크게 기여한다. 이를 통해 장소를 마케팅하고 지역의 이미지 혁신과 사회 · 경제적 활성화를 도모한다. 그래서 이들 장소들이 내세우는 것도 지역의 '생태', '역사와 문화', '재생' 같은 귀한 가치들이다. 주목할 만한 것은, 결국 그 지역의 고유함을 바탕으로 다른 장소와의 차이를 부각시킨다는 점이다. 생태나 역사와 문화는 기본적으로 그 지역의 고유성을 바탕으로 하고 있는 가치들이다. 이미 조경설계에서 보편적으로 사용되고 있는 주요한 전략 가운데 하나인 '재생'이라는 개념도 땅의 시간적 지층을 노출시키고 땅의 기억을 되살린다는 면에서 지역성을 바탕으로 하는 가치이다.

영국의 쉐필드나 맨체스터의 도심재생 사례나, 보스톤의 퀸시 마켓Quincy Market처럼 기존의 역사 · 문화환경을 보존하면서 장소의 재생을 통해 지역의 정체

---

20) Wall, A.(1999), Programming the urban surface. In J. Corner, ed., *Recovering Landscape: Essays in Contemporary Landscape Architecture*, New York: Princeton Architectural Press. pp.233-249.

21) 배정한(2004), 『현대 조경설계의 이론과 쟁점』, 성남: 도서출판 조경.

22) Imperial A.(2000), *New Flatness: Surface Tension in Digital Architecture*, Basel, Birkhauser-Publishers for Architecture.

23) 배정한(2004), Landscape Urbanism의 이론적 지형과 설계전략, 『한국조경학회지』 32(1): pp.69-79.

22 23
24 25

그림22. 보스턴의 퀸시마켓(사진: 배민호)
그림23. 베르시공원의 포도주 운반선로
그림24. 비프로그램적 이용 사례인 로테르담의 쇼우브르흐 광장
그림25. 포츠다머 플라츠의 가로

성을 획득하고 활력을 얻는다(그림22). 〈도크랜드〉나 요코하마의 〈미나토 미라이〉는 도크dock의 흔적을 남기고 있다. 〈라빌레트〉는 전에 도살장이었던 곳에 아이언 홀iron hall을 보존했고, 〈베르시공원〉은 구 가로와 포도주 운반 선로를 남기고 있으며(그림23), 〈프롬나드 플랑테*Promenade Plantee*〉는 고가 철로의 흔적을 남기고 있다. 〈시트로앵공원〉은 그 이름을 제외하고는 그곳이 과거에 공장이었다는 흔적을 없애버렸다고는 하지만, 공원의 평면은 루이14세의 정원 〈마를리*Marly*〉를 닮은, 프랑스 정원의 전통을 그대로 잇고 있다. 독일의 〈엠셔파크〉, 〈선유도 공원〉 등도 기존 시설을 재생한 잘 알려진 사례들이고, 〈유라릴〉이나 〈아틀란티크 정원〉은 철도라는 지역성을 설계가가 새롭게 해석하고 재창조한 사례들이다. 로테르담이나 포츠다머 플

라츠 같이 지역의 문화유산이 부족한 장소는 보다 적극적인 전략으로 새로운 장소 자산을 창출하여 지역성을 만들어내고 부각시킨다(그림25). 일본 후쿠오카의 〈캐널 시티〉와 〈아크로스 빌딩〉, 오사카의 〈남바 파크〉, 나고야의 〈오아시스 21〉 등은 지역의 맥락을 새롭게 해석하여 매력적인 장소 만들기를 통해 지역성을 재창조 한다(그림26, 27). 리스본의 〈테호 트랑카오공원〉(그림28)이나 뉴욕의 〈프레쉬 킬스〉, 토론토의 〈다운스 뷰 공원〉 등도 기존의 장소를 재해석하여 섞고, 새롭게하기를 통해 지역성을 재창조하고 자연과 문화의 연속성을 중시한다. 지역의 고유성에 대한 고려는 인근 거주자와 방문객들에게 중요한 역할을 하기 때문이다.

26
27

그림26. 오아시스 21. 타원형의 지붕은 '물의 우주선' 이란 이름의 수경공간이다.
그림27. 후쿠오카의 아크로스 빌딩. 건물 자체가 하나의 노단식 정원이다.

그림28. 테호 트랑카오 공원

이 같은 현대조경의 설계전략은 다양함에도 불구하고 지역의 정체성을 핵심적 가치로 삼는다는 공통적 합의를 내포하고 있다. 이는 모더니즘 미학을 반성하고 전통과 맥락을 중시하는 포스트모던과도 관련되어 있지만, 모더니즘의 연장선상에 있는 것이기도 하다. 지역성을 부각시키고 정체성을 모색하는 것은 모더니즘의 핵심적 가치이기 때문이다. 모더니즘의 핵심적 가치 가운데 하나인 정체성은 자기 스스로가 아니라 '타자'를 의식하는 데서 확인되고 규정되는 것이다. '다름'의 확인을 통해 자아를 확인하는 방식은 바로 근대성의 핵심(기든스, 1992)이기 때문이다. 근대성과 정체성은 하나의 켤레인 것이다. 따라서 신자유주의 시대 조경의 설계 경향은 어떤 이즘이나 설계 전략 또는 방법을 전적으로 신뢰하거나 의존한다고 볼 수 없다. 경향trend은 있지만 이즘은 없는 것이다.

한국조경의 타자화

근대성과 정체성이 하나의 결레라면 근대성과 식민성은 또 다른 결레라고 볼 수 있다. 신자유주의라는 전지구적 자본주의화라는 흐름 속에서 서구의 오리엔탈리즘적 인식틀은 국경을 초월하여 유포되고, 우리들의 내부에 내면화하며, 그 왜곡된 구조를 자국 내에 재생산 한다. 그것은 자발적으로 서구 문화의 우월성에 설복되어 자신을 부정하고 스스로 자신을 상대에 일치시키려는 태도이다. 하루가 멀다하게 새롭게 소개되는 서구의 저널과 작품집들은 새로운 이미지를 보여준다. 우리는 적극적인 소비자가 되어 그 이미지의 세계를 꿈꾼다. 한국조경은 서구조경의 스타시스템을 과대평가하거나 성급한 저널리즘에 의해 포섭되기도 한다. 덕분에 매체적 표현과 이미지적 디자인은 현상공모든, 턴키든, 대학의 졸업작품이든 모두 그 같은 감각에 맞추어져 마치 어떤 졸업작품의 타이틀처럼 '공진화coevolution' 한다. 한국조경은 한번도 제대로 채워본 적이 없으면서 비워야하게 되었다. 제대로 '디자인design' 을 해본 적이 없으면서 조경은 이제 '디자인' 이 아니라 '프로세스process' 여야 한다. 수준 높은 외국 작품에 길들여진 지식인의 눈에 현실 조경은 실망스러운 것이다. 지식인들은 '문화적 감상 능력' 이 많을수록 우리 것에 인색한 것이다. 남의 것이지만 좋은 것을 너무 보아 버려서 우리 것을 참아내지 못하는 것이다.[24] 에드워드 사이드Said, E.가 지적하듯이 우리는 우리의 현실과는 상관없이 서양이 만들어낸 오리엔탈리즘에 감염되지 않으면, 우리 스스로 자기 오리엔탈화self-orientalism하는 것이다. 서구 조경으로부터 태동한 한국조경은 서구에 동화되어 갔고 미의식은 알

24) 조혜정(1994), 『탈식민지 시대 지식인의 글 읽기와 삶 읽기 2』, 또 하나의 문화.

게 모르게 서구화되어 갔다. 무반성적으로 받아들인 서구 모더니즘을 미처 소화하지도 못한 상태에서 포스트모더니즘이라는 낯선 사조와 마주했었고 또 넘어서려하고 있다.

자본주의의 문선대

사실, 신자유주의나 장소 마케팅 같은 관점에서 조경을 바라본다는 것은 새삼스러운 것은 아니다. 역사적으로 공원은 사회 · 정치적으로 만들어졌으며,[25] 하나의 공원 유형이 다른 공원 형태로 변천하는 것은 사회적 목표, 이데올로기, 사회적 태도 등이 반영된 변증법적 과정에 따른 것[26]으로 보아왔다. 근대공원의 효시로 알려진 〈버킨헤드공원*Birkenhead Park*〉이나 〈빅토리아공원*Victoria Park*〉, 〈센트럴파크*Central Park*〉 같은 19세기의 공원들뿐만 아니라 〈라빌레트〉, 〈시트로앵〉, 〈베르시〉 같은 20세기의 마지막을 장식했던 공원들과 21세기의 시작을 열었다고 평가받는 〈다운스 뷰〉나 〈프레쉬 킬스〉 같은 공원들도 모두 지역의 부흥boosterism과 깊이 연관되어 있다.

그러나 구산업 시대의 공원들이 도시문제의 해결과 도덕적 이상향을 구현하기 위해 공원을 조성하고 주변의 경제적 활성화를 도모할 '필요'에 의해 생산되었다면, 신자유주의 시대의 공원들은 차별성을 부각하는 이미지로써 '욕망'에 의해 생산되었다는 측면이 다르다. 구산업 시대의 공원들이 도시민들의 '사용가치'를 중시했었다면, 신자유주의시대의 공원들은 자본의 '교환가치'를 중시한다. 옴스테드Olmsted, F.L. 같은 구산업 시대의 조경가들이 사회의식이 충만한 '이상적 사회주의자' 들이었다면, 현대의 조경가들은 '차별의 미학자' 들이라고 할 수 있겠다.

19세기 공원들이 모더니스트들의 사회의식을 반영한 모습이었다면, 현대의

---

25) 조경진(1997), 라빌레트 공원 읽기, 서울시립대학교 수도권연구소 연구논총, 23(1), pp.69-82.

26) Cranz, Calen(1982), *The Politics of Park Design*, Massachusetts, MIT Press.

공원들은 자본과 권력에 봉사하는 고급문화의 모습으로 나타나기도 한다. 한때, 마약과 범죄의 장소였던 뉴욕의 〈브라이언트 공원*Bryant Park*〉은 한나Hanna, R.와 올린Olin, L.에 의해 재설계되어 세련된 도시의 문화공간으로 탈바꿈하고 도시의 엘리트 계층을 다시 불러들여 지역의 부흥에 크게 기여한 사례로 소개된다.[27] 〈브라이언트 공원〉은 도시 엘리트 계층의 미적 취향을 보호하기 위해 사설 경비원들에 의해 '물관리'[28] 된다(그림29). 공원이 지역의 상징자본으로써 사적 이익에 봉사하는 모습을 보이는 것이다. 또 〈톰킨스 공원*Tompkins Park*〉은 '살인자와 코카인의 땅'으로 불리던 대표적인 계층 양극화의 현장이었다. 90년대 후반 경기가 활성화 되면서 경찰의 지원과 중산층 복귀, 시유지 공매, 화랑의 협조 등으로 공원은 세련된 장소로 탈바꿈하고 주변은 고급주택가를 형성한다. 도시환경을 개선하여 도시의 엘리트 계층이 회귀하고 지역을 활성화시키는 젠트리피케이션Gentrification[29]이 일어나는 것이다.[30] 젠트리피케이션은 장소 차별화의 대표적 사례로, 기존의 이용계층인 저소득층을 몰아내고 '부르주아의 놀이터bourgeois playground'를 만들었다는 비판을 받았

그림29. 경비원에 의해 '물관리' 되는 브라이언트 공원(사진: 배민호)

다.[31] 이처럼 구산업 시대의 공원이 공공적 가치를 중시했다면, 신자유주의 시대의 공원은 알게 모르게 사적 이익에 봉사하게 될 가능성이 크다. 그것을 쥬킨은 상징자본이라 부른다. 공원의 전통적 가치였던 공공성은 도전에 직면한다. 공원은 누구를 위한 것인가? 이제 조경은 신자유주의의 시장경제 안에서 '자연과 인공', '장소와 시장market'의 '경계공간liminal space'[32]이 되고 있는 것이다.

신자유주의 시대의 조경은, 조경산업의 성장과 도시환경의 개선 등에 크게 기여하지만, 상업적 조경의 일상화와 공공성 축소, 문화적 혼성과 정체성의 혼동 등을 일으킨다는 부정적 시각도 함께한다. 이는 최근의 청계천 복원 사업을 바라보는 상반된 시각에서도 잘 나타난다. 청계천 복원사업은 '생태적 패러다임으로의 변화를 보여주는 지표', '도심지 내부의 기온을 5℃나 낮추어 도시열섬 현상을 완화하는데 기여한 기념비적 사업' 같은 찬사가 '우리가 해냈어' 같은 과도한 자부심과 함께 한다. 반면에 '미완의 생태적 복원', '오히려 역사 · 문화재의 파괴' 같은 비판도 찬사만큼이나 공존한다. 그 중에도 많은 학자들이 걱정하는 것은 청계천 복원이 미치는 도시공간구조의 재편이다. 동대문 패션상가나 황학동 공구상가가 비

---

27) 진양교(1998), 브라이언트 공원의 문화적 해석, 『LOCUS1』, pp.51-64.

28) 쥬킨은 이를 'guarded esthetics'라고 표현했다. '물 관리'라는 표현은 한겨레신문의 이유주현 기자의 표현을 인용한 것이다.

29) 젠트리피케이션은 도심지에 위치한 노동자계급의 주거지인 슬럼의 환경개선과 고급화로 중산층이 이주하면서 도시 활성화를 도모한 것을 지칭한다. 공간고급화(강내희), 고급주택지화, 재활성화 등으로 번역하지만, 젠트리피케이션이 경제적 성공을 거둔 상류층 지주계급(the landed gentry)을 일컫던 말로써 계급적 함의가 있으며, 좋아진다는 의미와 함께 계급 갈등을 내포하고 있다. 따라서 본래 의미를 온전히 전달하는 바꿈 말은 아닌 것 같다.

30) Smith, N.(1996), *The New Urban Frontier: Gentrification and the revanchist city*, London and N. Y., Routledge.

31) Smith, N.(1996), Gentrification, the Frontier, and the Restructuring of Urban Space. In Fainstein, S. S, and Campbell, S., eds., *Reading in Urban Theory*. Cambridge: Blackwell. pp.338-358.

32) Zukin, Sharon(1991), *Landscape of Power from detroit to Disney World*, Berkely and Los Angeles, California: Univ. of California Press, p.231.

록 소규모공장, 기업들로 구성되어 있기는 해도 '유연적 전문화'와 '건설적인 협력관계'로 다국적기업과도 경쟁할 수 있는 자생적인 산업조직cluster으로 주목하고 있는 것이다(강홍빈,[33] 박삼옥,[34] 송도영[35]). 청계천 개발은 주변의 지가와 임대료를 상승rent gap시켜 개발압력을 높이고 투기적 부동산 개발로 이어져 이러한 산업조직들은 와해된다. 결국 기존의 노동계층들은 내몰릴 수밖에 없다는 것이다. 공공성의 기치를 내건 청계천 개발로 인한 '진정한 수혜자는 누구인가' 하는 문제이다. 그래서 '복원을 빙자한 개발'이라고 비판한다. 미국의 비판적인 도시학자 존 로간과 하비 몰로치가 현대도시를 움직이는 힘은 '개발로 이익을 보는 집단(성장기계; growth machine)'이라고 했듯이[36], 조경 분야도 '성장기계'의 일원으로 권력과 자본의 재생산을 위한 문선대 역할을 하고 있는 것은 아닌가 하는 혐의를 두고 있는 것이다.

그러나 이러한 비판은 상당부분 정책적이어서 물리적 환경을 다루는 조경 스스로 어쩔 수 없는 측면이 있다. 그러한 견해에 전적으로 동의할 수 없는 부분도 있다. 그리고 어떠한 비판도 청계천 복원이 실현되었다는 것 자체가 대단한 일이며 많은 사람들이 찾고 즐긴다는 사실을 가릴 수는 없다. 하지만 청계천을 보는, 결코 우호적이지만은 않은 시각에 대해 조경은 이렇게 대답할 수 있을까. "너나, 잘하세요, 네……." 영화 〈친절한 금자씨〉의 금자씨가 성능은 떨어져도 무조건 예쁜 총을 선택하는 것처럼 청계천 조경은 무조건 예쁜 것만 추구한 것은 아닐까? 관념에 사로잡힌 조경가들은 미학적 차별화를 통한 자본의 축적에 기여하는 것은 아닐까?

---

33) 강홍빈(2004), 신개발주의 비판-균형발전과 신개발주의의 갈등, 한국공간환경학회/걷고싶은도시만들기시민연대 심포지엄 격려사.

34) 박삼옥, 주성재, 남기범, 황주성(1998), 『경제구조조정과 산업공간의 변모』, 서울: 한울

35) 송도영(2004), 『인류학자 송도영의 서울읽기』, 서울: 소화.

36) Logan, John R. and Molotch, Harvey L.(1996), The City as a Growth Machine, In Fainstein, S. S, and Campbell, S., eds., *Reading in Urban Theory*, Cambridge: Blackwell. pp.291-337.

성찰적 조경을 위하여

장황하게 늘어놓은 것처럼 사회를 변화시키는 가장 큰 동인은 도시화라는 것이다. 그것의 배후에는 신자유주의라는 자본의 논리가 있다. 이는 세계화라는 이름으로 또는 다른 모습으로 장소와 공간, 도시를 변화시킨다. 조경은 그러한 변화를 읽어내려고 얼마나 노력했는지, 그동안 조경이 스스로의 모습에 골몰하는 동안 사회가 요구하는 것과는 계속 다른 소리를 하고 있었던 것은 아닌지, 조경은 자본주의적 소비를 통해 빠르게 확산되었다는 사실을 외면함으로써 자기성찰을 하지 못하고 나아가기만 한 것은 아닌지 하는 스스로의 성찰적 질문이 필요할 때라고 생각한다.

조경은 그 이론이나 수요를 스스로 만들어내는 분야는 아니다. 따라서 조경이 사회 · 경제적으로 작동하는 방식을 검토하는 것은 정체성을 모색하는 중요한 방법이 될 것이다. 그것은 조경이 단순히 해당 시대를 반영한다는 단순성에서 진보하고자 하는 것이다. 르페브르Lefebvre, H.의 말대로 조경은 생산되고 소비된다.[37] 그곳에는 권력과 계급, 정치, 경제 등 모든 모순들이 함께한다. 이처럼 조경이 만드는 공간은 물리적 속성이면서, 동시에 사회적 속성을 지니는 것이다. 우리가 어떤 공간을 만들어내고, 어떻게 사용하고, 어떻게 전유appropriation되어 나가는가는 조경의 정체성과 밀접하게 관련되어 있다.

한국조경은 빠르게 변화하는 사회의 특수성에서 영향 받지 않을 수 없었다. 작품마다 새로운 작명에 골몰하고, 형태를 구상하고, 이미지를 만들어내는 것은 마치 광고 같다. 한국조경이 경계해야할 점이다. 시대의 흐름이 늘 새로운 조경을 요구하고 있고, 또 탐색하고 있지만, 사람들은 새로운 공원—라빌레트나 베르시 같은—을 위해 오래된 공원—몽소공원 같은—의 가치를 버리지는 않는다. 이것은 결코 단순하

37) Lefebvre, Henri(1991), *The Production of Space*, Cambridge, MA: blackwell.

지 않은 지역의 장소성 때문이다.[38] 대지는 모두 그 근원이 있고 장소성은 근원을 바탕으로 하는 것이기 때문이다. 서구의 모범적인 도시개발이나 혁신적 조경사례들이 보여주는 함의는 장소와 지역의 정체성 모색으로 귀결된다. 그 힘은 그 장소의 고유성과 인문적 토양, 그리고 주체성에서 나온다는 것을 보여주고 있다. 조경의 정체성은 결국 문화성에 따라 결정되며, 지역은 그 문화적 자양분의 공급처로서 의미를 지닌다.

'한국조경의 정체성은 무엇인가' 라는 질문에 대한 대답은 매우 궁하다. 긍정적인 측면에서 보면, 한국조경은 다양한 양식을 샘플링하거나 혼합적으로 채용하는 혼성을 만들어 냄으로써 독특한 분위기를 내는 성과는 있다. 서구의 '비우기' 전략에 비해 한국조경은 지속적으로 '더하기' 전략을 펼쳤다. 새로운 테마를 끌어들이고, 더 많이 만족시키기 위한 더하기 전략은 설계의 질적 수준을 의심받게 되었다. 작품이 없다는, 짜깁기 수준이라는 힐난은 한국적 리얼리티가 아닐 수도 있다. 지금의 한국적 리얼리티는 질quality에 있는 것이 아니라 양quantity에 있기 때문이다. 주어진 시간에 비해 일이 너무 많고, 소비층이 너무 다양하고, 발주처의 재량도 너무 많다. 이들을 모두 만족시키고자 할 때 작품을 만들기는 어렵지 않은가? 이러한 점은 전적으로 설계자들의 몫은 아닌 것 같다. 마치 태아의 초음파 사진 같은 서구의 실현되지 않은 설계안이나 이론을 수입하여 소비해서 보여주는 설계안들은 혁신적이고, 현실적 고뇌로부터 실마리를 풀어나가는 설계는 구태의연한 것인가. 서구의 지적 권위에 기대기보다는 우리가 하고 있는 것에 대한 이야기가 필요하지 않은가. 신자유주의 물결은 서구 조경문화의 유입을 더욱 가속화 시킬 것이다. 그

---

38) Hunt, J. D.(2002), *Tradition and Inovation in French Garden Art: Chapters of a New History*(Penn studies landscape architecture), univ. of pennsylvania press.

것은 우리의 취향을 지배하고 유행을 주도하며 한국조경의 서구 종속성과 변방성을 더욱 심화시킬 것이다. 성찰적 전통이 깊지 않은 까닭이다. 지금 우리가 하고 있는 것은 어떤 의미인가, 어디로 갈 것인가 하는 성찰이 필요하지 않은가. 한국 조경의 정체성은 그것으로부터 시작할 수 있을 것이다. 그것은 하나의 서구사조나 방향보다는 이상주의와 현실감각이 겸비된 다양한 측면에서 그려야 할 것이다.

04 창의적 이용, 이용가 되기

[생산의 미학에서 생성의 미학으로]

안 명 준_서울대학교 조경학 박사과정

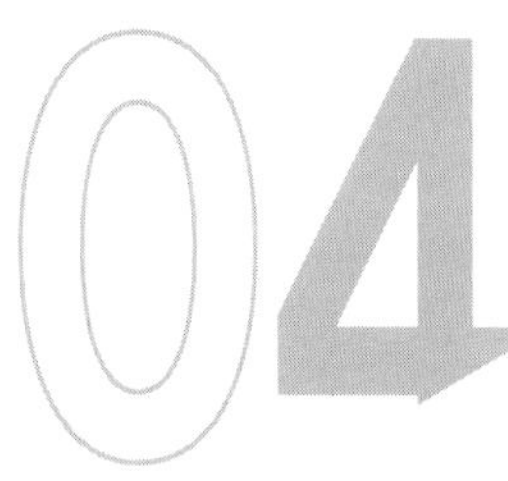

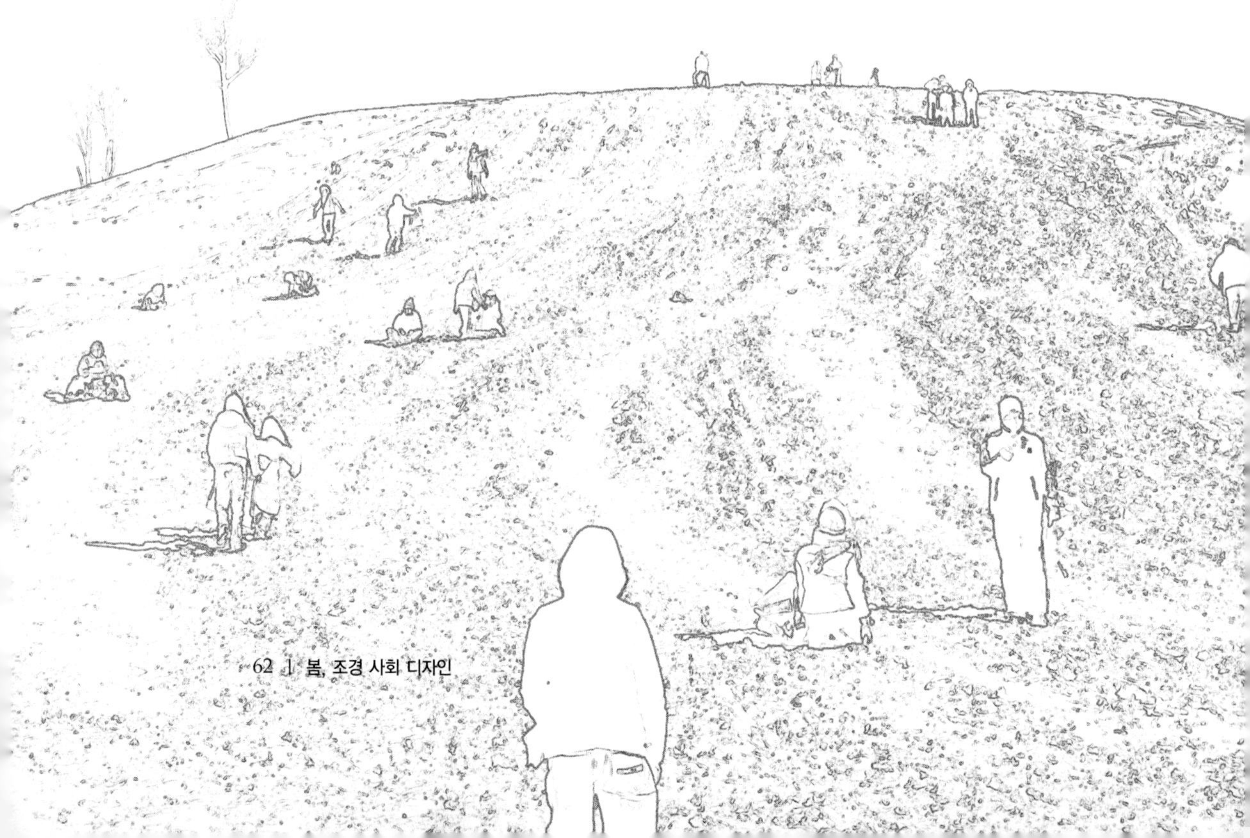

세로로 지른 서울; 엘리베이터와 에스컬레이터의 도시

2005 세로로 지르다

지난 해 8월, 관악산 아래에서 청와대 너머 세검정 부근으로 이사를 했다. 서울을 수직으로 이동하여 한동안 강남의 설계사무소에 임시직으로 출근했던 그때, 아침마다 세로로 지르면서 보는 서울은 익숙지 않은 풍경으로 다가왔고, 그것은 서울의 인상을 다르게 하였다.

어릴 적, 미래의 모습을 그린 삽화에서나 보았던 것들이 현실속 공간에 실제로 놓이게 된 서울, 그 서울은 그러나 부풀게 된 크기만큼이나 복잡한 기능들이 얽힌 이해하기 힘든 기계처럼 다가왔다. 생성과 변화가 있는 삶의 공간으로서가 아니라 직능과 분업으로 이루어진 복잡한 기계 말이다. 그것은 언제부턴가 많아진 엘리베이터와 에스컬레이터를 보면 더욱 들게 되는 생각이다. 그것은 도시가 입체화되면서 이러한 기계들이 필요해지고, 어릴 적 상상 속의 무빙 머신moving machine들이 이제 우리 도시를 이루는 중요한 요소가 되었기 때문이리라. 그리하여 고층 빌딩의 거대한 그림자가 서울의 바닥을 장식하고 대낮에도 거리엔 산보하는 사람보다 천천히 달리는 차량들이 더 많은 도시 풍경을 만들게 된 것이리라.

이러한 기계들은 내게 서울을 보는 시선을 다소 감상적으로 보게까지 한다. 공간과 공간을 이어주는 방식이 그 이동을 순차적으로 경험하게 하는 것이 아니라 공간과 공간을 직선으로 연결해주는 것과 같은, 마치 순간 이동처럼 장소를 바꾸어 주는 것처럼 느끼게 하는 것이다. 엘리베이터, 에스컬레이터가 그렇고 지하철이나 버스가 그렇다. 출퇴근의 바쁜 와중에, 그러니까 그 직선 이동의 순간에 내가 할 수 있는 일이란 그저 시간을 보내거나 상념에 빠지는 일이었고, 짧지 않은 시간이 마치 공백처럼 남아 매일 일정한 시간이 아쉽지 않을 수 없었다. 누군가는 서울을 잘 모르기 때문이라거나, 아직 바쁜 사회생활에 익숙지 않아서라고 그럴지도 모르겠다.

기계를 통해 보는 서울, 그리고 그렇게 이해하려는 내게 이런 생각이 들었다. 서울은 과연 친사회적 공간sociopetal space이라고 할만한가?

Macro City, 서울

세기가 바뀌면서 서울은 모습을 달리하면서 그 변신이 흥미로워지고 있다. 선유도공원과 월드컵공원이 대중의 사랑을 받고, 시청 앞 광장이 사람들로 가득하기도 하고, 양재천, 청계천과 서울숲이 시민들의 일상과 가까워져가고 있다. 한편으로는 옛 서울의 구조물들이 하나둘 재건축 또는 재개발되거나 계획중이고 주변으로 신도시가 만들어지고 있기도 하다. 일견 확장되면서 풍요로워지는 인상이다. 서울은 변화가 곳곳에서 진행중이고, 친자연적 환경을 도입하여 생명력을 되살리는 시도들도 다양하게 진행되고 있다.

그러나 이러한 변화의 와중에 서울은 누구나 자유롭게 이용할 수 있는 도시가 되어가고 있는지, 누구에게나 일상이 일상적으로 향유되는, 일상이 균질한 도시가 되어가고 있는지 궁금해진다. 지금까지의 도시가 직능과 분업을 중심으로 평면적으로 구성되어 공간을 나누어 왔다면, 이제 변화의 모습들은 그렇게 나누어놓은 공간들을 시민들, 즉 이용하는 모습에 따라 재구성해야 하지 않을까 한다. 거대 도시에서 그에 맞는 다양한 삶의 양상들이 수용되고 활력 있는 도시로 다시 태어나도록 해야 하지 않겠는가. 기계들로 연결되는 도시 공간들이 거대 도시가 가진 탈사회적 공간sociofugal space의 특성을 보여주는 대표적인 모습이라면, 이제 그것을 창의적으로 이용하여 아날로그적 공간으로 재구성해야 하지 않을까.

매크로 시티 서울, 변화의 모습이 다차원적으로 고민되고 있는 지금, 이용을 고려한 친사회적 공간으로 다시 태어나려면 조경은 어떤 방향으로 나아가야 할까. 지금까지의 변화에 몇 가지 생각을 보태어 본다.

다시 보는 '조경, Landscape Architecture'

조경가Landscape Architect라는 말은 옴스테드와 보가 센트럴파크를 설계하면서 사용하였고, 뉴욕시 공원위원회가 이를 인정하면서 정착되었다고 한다. 처음에 조경은 인간의 이용과 즐거움을 위하여 토지를 다루는 기술로 정의되었으나, 이후 미국조경가협회에서 유용하고 즐거움을 줄 수 있는 환경의 조성이라는 목표를 추가하여 재정의하였다. 국내에서는 경관을 조성하는 예술이라는 구체적인 방향을 정의에 포함하고 있기도 하다. 景을 造하는 행위라는 기본을 바탕으로 현대 조경은 인접 분야와의 하이브리드 양상을 보이기도 하며 빠르게 새로운 개념을 보태며 변화하고 있다. 조경의 정의를 새롭게 구성해야 한다는 의견도 볼 수 있고, 도시를 이루는 기반시설로서 보려는 시각도 어렵지 않게 만날 수 있다.

이렇게 거대화되는 조경의 이면에서 내가 주목하고 싶은 부분은 경관과 그 수제라 할 수 있는 대중의 이용 관계이다. 그것은 경관마저 생산이 아닌 직접적인 소비의 대상으로 보아야 한다는 생각을 하게 한다. 이용을 통해 새롭게 해석되고 창조되는 소비가 그것이다.

해묵은 시각, 과학인가 예술인가?

흔히 조경은 긴 설명 제하고 종합과학예술로 얘기된다. 분야 내에서 통용되는 이 말은 그러나 조경이란 학문이 걸어온 복잡한 상황을 잘 담고 있다. 처음 옴스테드가 강조할 때, 조경은 두 가지의 길을 가지고 있었다. 사회적 서비스의 차원과 예술의 차원이 그것이었다. 근대 이후 조경은 알다시피 그 토대에서 과학적 접근을 대표하는 맥하그식 방법과 예술적 접근을 주로하는 미니멀리스트의 방법으로 전개되었다.

이러한 전개는 현대에 와서는 다방면의 분야간 네트워크 상황으로 인해 크게 주목되지 못하고 있는 실정이다. 현대의 논의들은 도시의 물리적 요소와 비물리적 요소를 어떤 시각에서 생산해내느냐를 기본으로 한다고 할 수 있으며, 디자인의 창의성이 주요 주목의 대상이 되고 있다. 이는 도시의 문제를 분야별 차원에서 해결하려는 다양한 시도들이며, 문제 발견의 창의적 접근을 보여주는 흥미로운 모습들이다.

반면에 그 이용의 주체에 대한 고려는 그다지 주목받지 못하고 있다. 모더니즘 이후의 조경은 이용 주체에 대한 면밀한 대응을 고민하기보다는 한 명의 디자이너로서 문제를 찾고 해결하는 데에 초점을 두어오지 않았나 싶다. 그나마 그 해결의 방식이 도시의 과밀로 인하여 시각을 점차 농촌지역으로 확장해야만 하는 상황이 되면서, 그간 실험하거나 실행하기 어려웠던 방법들이 농촌이라는 새로운 상황에서 진행되는 모습으로 나타나고 있지 않나 싶다. 마을만들기와 같은 시도들은 그 대표적인 방법이며 비물리적 차원을 주민참여와 같은 방법을 통해 디자인 차원에서 고민하고 있다고 할 수 있다.

요는 현상적 문제를 발견하고 그 문제를 문제로서 제시, 디자인으로 해결하려는 것이 현대 조경의 기본 과정이고, 여기에서 이용의 주체는 사회적 서비스의 수혜자가 아니라 디자인의 대상으로서 다루어지는 것 아닌가 한다는 것이다. 즉 이용 자체가 대상화되어 다루어지고 전문가 집단의 목표가 되면서 그 속성이 단순해지고 추상적으로 고정되지 않았나 싶다.

따라서 조경을 대상화된 이용의 틀로 과학이냐 예술이냐의 기준으로 볼 것이 아니라, 이용의 생성적이며 창의적인 특성을 부각시켜야 한다는 생각이다. 그것은 조경을 과학이냐 예술이냐로 나누지 않고 수용이라는 새로운 차원에서 이해하는 토대가 될 수 있다. 이용과 수용은 그 자체로 종합과학예술이 될 수 있다.

조경, 새로운 시각

삶의 질로 표현되는 삶의 방식은 흔해진 미학만큼이나 다양하게 고급을 지향하고 있다.[1] '미학' 이란 말은 교양이나 품위 등의 고급 문화를 지향하는 흔한 단어가 되었다. 어렵고 복잡한 어의보다 그 쓰임으로 인해 먼저 다가오는 이 말은 사실 주체의 부각이라는 미학적 흐름을 보여주는 중요한 증거이기도 하다. 모더니즘에서 포스트모더니즘으로 그 흐름을 달리하면서 이성에서 감성으로 그 초점이 이동한 것은 이미 여러 차례 언급된 사항, 여기에 더하여 최근에는 감성적 주체가 주인공이 되는 보다 수용자 중심인 사고도 나타나고 있다.

이러한 대중적 경향과 함께 조경미학의 차원에서 이미 경관미학, 환경미학과 같은 보다 정교한 논의가 이루어지고 있기도 하다. 참여와 공감각을 강조하고 미적 장으로서 경관을 이해하려는 노력들이 그것이다. 여기에서는 조경의 방향을 이용자들의 주체적 수용에 초점을 두고 있으며, 그것이 경관 또는 환경에 대한 미적인 체험을 형성한다고 강조한다.[2]

이렇게 볼 때 조경을 통해 만들어진 환경과 그 이용 사이의 관계를 다시 파악해야 하지 않을까.

1) 우리는 흔히 다양한 형태의 미학을 생활에서 접하곤 한다. 느림의 미학, 소설의 미학, 순간의 미학, 모방의 미학, 빈자의 미학, 삭힘의 미학, 포장의 미학, 걸음의 미학, 생활의 미학 등등 잠깐만 검색해 보아도 무수히 많은 미학을 만나볼 수 있다. 이러한 미학들에서는 그것을 등장시킨 주인공들의 중심성을 읽을 수 있다.

2) 필자가 조경비평상 수상작에서 언급한 형상적 사고, 형상성이라는 것의 출발은 여기에서부터 시작된다. 그것은 경관을 수용하는 주체의 태도 변화와 보다 적극적인 개입으로 경관을 이해하고 해석, 창의적으로 이미지를 형성하는데 문학적인 상상력이 기초가 될 수 있다는 것이다. 안명준, "끝내지 않은 설계, 선유도공원: 조경비평의 현재적 위치 찾기," 『환경과 조경』 2004년 1월호 참고.

이용의 강조, 새로운 태도

전통적으로 도시 환경에서 반갑지 않게 여겨지는 대상이 있다. 현대에도 마찬가지로, 그 대표적인 경우가 스케이트보더이다. 이들은 영국과 같은 나라에서는 도시 환경을 파괴하는 불청객으로 여겨지고 있고, 이들을 통제하기 위한 다양한 방법들이 동원되고 있다. 그러나 이들에 대한 새로운 해석이 있다.

스케이트보더는 아무 곳에서나 스케이트보드를 타는 것이 아니며, 스케이트보드를 타는 젊은이들은 네 가지의 요건에 따라 그들만의 스케이트 스팟Skate Spot을 정한다고 한다. 접근성Accessibility, 사교성Sociability, 기교성Trickability, 적합성Compatibility이 충족되는 곳을 중심으로 도시의 주요 지점들을 옮겨다니는 것이다. 여기서 주목할 부분은 그 네 가지의 요인이 아니다. 결론을 보면 제일 중요한 점으로 다른 사람들이 잘 이용하지 않는 어떠한 공간도 이들이 재디자인한다고 지적하고 있다.[3] 이들은 장애물을 타거나 넘으면서 자신의 기교를 자랑하거나 발전시킨다. 그래서 경계석이나 바리케이트 등의 시설을 자주 이용하게 되고, 여러 공간에서 활동적으로 움직이게 된다. 도시 중심에 생명력을 불어넣는다는 것이다. 흔히 반달리즘으로 불릴만한 이들의 활동이 죽은 듯 정적이고 고정된 도시 공간에 활력을 불어넣는 창의적 이용으로 달리 해석되고 있는 것이다.

의도하지 않은 이용에 대하여 도시공간을 파괴적으로 이용한다라고 보기보다 새로운 활력 요소로서 포용적으로 보려는 위 사례에서처럼, 미시적이지만 열려

3) Woolley, Helen., Johns, Ralph, "Skateboarding: The City as a Playground," *Journal of Urban Design*, 6(2), 2001, pp.211-230.

있는 접근 시각이 필요하다. 이러한 방식의 미시적 조경, 즉 일상과 밀접히 연관된 조경의 방법들은 조경의 대중성, 또는 경관의 소매 전략이라는 관점에서 살펴볼 수 있다. 국내 조경은 한정된 발주처 중심으로 성장하였기 때문에, 작고 좁고 소유하기 쉬운 영역에 대해서는 다소 벗어나 있었다고 할 수 있다. 쌈지공원과 같은 소규모 대상지의 조경이 없는 것은 아니나, 최근 조경 프로젝트의 거대화 경향에 비하면 미미하지 않나 싶다. 웰빙 트렌드와 자기 중심적 이용은 이러한 조경에 대하여 반성과 함께 이용 중심의 일상과 가까워진 조경을 요구하고 있다. 또한 대중적 일상과 욕구를 어떻게 이용의 차원에서 형상화하느냐에 따라 조경은 소매로서의 역할을 좀더 세밀하게 진행할 수도 있을 것이다.

일상과 가까운 조경에 눈이 가는데는 앞서 살펴본 주체의 위상 변화와 관련이 있다. 경관을 관조하던 주체에서 이미 참여하고 즐기며 새로운 사건을 형성해내는 주체로 변한 이용자들이, 제시된 경관에 대하여 수동적으로 참여하는 것이 아니라 능동적으로 경관을 조성하는 조경 주체로까지 확대되고 있기 때문이다.

이용자들은 이제 경관을 단순히 수동적으로 이용하는 것에서 벗어나 능동적으로 참여하고 이에서 더 나아가 자신만의 경관을 만드는 데까지 그 능력을 확대하고 있다. 이러한 이용의 양상은 쉽게 볼 수 있으며 이를 조경의 영역에서 적극적으로 포용하는 노력이 필요하다고 생각된다. 주체가 된 이용자들을 위한 조경적 접근이 필요하며, 그들을 창의적으로 보려는 시각 또한 필요하다.

생성하는 수용자, 창조하는 이용가

경관은 인간에 의해 인지된 환경을 말한다. 그것은 경관이 인간을 중심으로 구성되고 설정된다는 것을 나타내준다. 그러니까 인지의 주체가 없이는 경관이란 존재하지 않으며, 주체에 의해 인지된 경관은 그 순간 '현재적 경관' 으로 위상을 달리하여 발생하게 된다. 이것은 경관 주체가 환경에 개입하여 경관을 생성한다라고 볼 수도 있게 한다. 또한 이러한 인간의 개입을 기다리는, 즉 현재적 경관으로 생성되기 이전 환경의 일부를 '잠재적 경관'이라 부를 수도 있다.[4] 이러한 구분은 대상화된 경관과 인지 주체 사이의 관계를 상정하기 위한 기초이며 여기에 바로 이용자로서 나의 위치가 스며있다.

경관 주체의 등장으로 인해 경관은 관조의 특성을 우선 부여받는다. 즉 景을 觀하여 나타나는 것이 경관이 되는 것이다. 그러나 경관이란 단순히 시각만으로 인지되는 것은 아니다. 오감과 경관에의 참여를 통해 경관은 얼마든지 달리 구성되고 이해될 수 있다. 참여와 공감각을 강조하는 이러한 입장은 경관 주체의 역할을 다시 설정하고 있다고 보여진다. 즉 대상으로서의 경관에 대하여 주체로서 참여하여 이를 중심으로 새로운 이용, 특히 미학적 이용을 강조하는 것이다. 이것은 새로운 생성을 유도하는 창조적 이용이기도 하다. 그리고 이러한 이용 관점의 변화는 수용미학적 접근을 그 기저에 깔고 있으며 '나(주체)'는 그 중심에 있는 개념이다.[5]

이용 중심의 조경은 이처럼 경관의 개념과 결부하여 다시 생각해 볼 수 있다. 그리고 이러할 때 경관의 인지 주체로서의 나의 위치와 나의 역할이 드러난다. 우리는 흔히 경관하면 대상화된 경관 요소를 떠올리게 되는데, 녹색으로 대표되는 식물 소재라든가, 벤치나 가로등 같은 가로 시설물이라든가 하는 것들이 그것이다. 그러나 경관 주체의 관점에서 이를 보게 되면 그러한 물리적인 경관 요소들은 객관

---

4) 황기원의 구분

5) 수용미학은 한스 로베르트 야우스를 시작으로 논의된 수용자 중심의 관점이라고 할 수 있다. 여기에서는 작가와 작품 중심의 종래의 생산 관점에서 벗어나 독자와 작품 사이의 수용과 작용이 중심을 이룬다. 경관 주체의 수용도 이와 동일한 과정을 거친다고 볼 수 있다. 이러할 때 경관은 열린 텍스트가 되어, 주체로서의 '나'의 작용에 따라 달리 해석되고 이용되게 된다. 조경이 불특정의 다수를 위한 경관 형성 행위라고 할 때, 경관은 그 자체로 이용자에게 기대고 있는 잠재적 상황이라고 할 수 있다. 이것을 달리 말하면 경관이란 그 자체로 수용자 중심의 개념이라고까지 할 수 있다. 경관을 조성하는 행위로서의 조경은 그러할 때 이용자 중심의 생산 행위가 된다. 조성된 경관과 설계가의 관계는 묻히고 경관과 이용자 사이의 수용, 또는 이용이 중심이 되는 새로운 창작의 과정이 진행되는 것이다.

적 대상으로서의 특성을 벗어나 감각과 감성의 차원에서 다시 해석되게 된다. 그러므로 조경은 물리적 경관 요소들을 사용하여 이용자들의 수용을 유도하는 행위라고 정리하여 볼 수도 있다. 경관을 보든 조경을 보든, 인지 또는 이용의 주체가 그 중심이라고 할 수 있는 것이다. 이러할 때 경관은 일종의 열린 텍스트로서, 수용을 기다리는 매체로 작용한다.

경관은 이처럼 이용과 수용의 관점이 중심이 된다고 할 수 있다. 그리고 경관 수용의 중심에 있는 이용자들은 경관에 대하여 창조적으로 참여하게 된다. 이때 경험에 따라 경관은 달리 이용되고 이는 쉽게 정형화되지 않는다. 반응과 행동이 쉽게 정리되지 않기 때문이다.

그러나 조경 공간에서의 이용은 일정한 양상을 보이는 것 또한 사실이다. 프로그램된 이용만이 아니라 예상치 못한 다양한 이용의 양상이 일정하게 발생하는 것이다. 반달리즘 같은 부정적인 이용도 있겠으나 대부분의 경우는 소수 집단화하여 경관의 특성을 주체적으로 해석하는 모습을 보인다. 이는 동호회나 소모임을 통해 쉽게 확인해 볼 수 있으며, 이러한 이용의 중심에는 객체로서의 '나'가 아니라 주체로서의 창조적인 '나'가 관여한다.

이러한 '나'를 이제부터 이용가라 부르기로 한다.[6] 그것은 설계자 또는 설계가와 동등하게 이용자를 위치하게 하려는 이유 때문이다. 흔히 조경에서는 타겟층을 정하고 이들의 이용 프로그램을 반영하여 설계도를 작성하며, 이후 실제 시공

---

6) 쉽게 정형화되지 않는 이용이지만, 어떤 특징을 보이는 것도 사실이며, 이용가라는 조어를 쓰는 이유는 시공된 조경 사이트에 대하여 설계가들이 예상했든 그렇지 않았든 일정한 양식의 이용 행태가 시간이 지나면서 발생하기 때문이고 이러한 이용 양식을 주도하는 이용자들을 지칭하기 위해서다. 이것은 일정하게 형성된 이용 패턴의 주체를 부르기 위한 것이고, 이는 설계가 못지 않게 경관을 창조적으로 본다는 점을 강조하기 위한 것이다. 그러한 예는 쉽게 관찰된다. 주말이면 선유도공원으로 몰려드는 수많은 촬영족과 인라이너들만 떠올려보아도 충분할 것이다. 이러한 이용가들은 제시된 경관에 대하여 나름의 수용 방식에 따라 창조적으로 경관을 이용한다.

되어 이용되는 경향을 보고 관리와 운영을 달리 적용하곤 한다. 그러나 이용자가 꼭 설계된 대로만 행동하지는 않는다. 이용이 쉽게 프로그램되지 않는 것이다. 그것은 주어진 경관에 대하여 경험에 따라 '내' 가 스스로 판단하며 참여하기 때문이다. 그 스스로의 판단과 취향이 쉽게 프로그램되지 않기 때문에, 각자의 경험과 행동 양식에 따라 경관이 달리 이용된다고 할 수 있다. 설계가는 이러한 이용 특성을 잘 파악하고 반영하고자 노력하여 왔으며, 그러한 방법으로써 최근의 주민참여나 비워두기, 느슨한 설계 등은 그 발전된 모습이라 할 수 있다.

이용가는 이용객과는 다르다. 이용가가 창조적, 주체적으로 이용하려는 주인으로서의 특성을 강조하는 것이라면, 이용객은 경관을 만들어 제공하는 입장에서 즉 생산의 시각으로 이용자들을 특정의 목적으로 바라보는 시선에 따른 것이라고 할 수 있다. 그러니까 이용객은 대상화된 이용자들로 설계자들이 프로그램하고자 하는 일단의 이용자들을 말한다. 주관적 이용가와 객관적 이용객이라고나 할까.[7)]

이처럼 이용가를 상정할 때, 경관은 환경에 대하여 주인으로서의 나를 강조하게 된다. 그리고 이러할 때 서울숲과 청계천에 모여든 많은 사람들을 이해할 수 있으며, 일상을 새로운 눈으로 볼 수 있게 해달라는, 또는 새롭게 보려는 의지의 표출이라고 이해하도록 해준다.

그다지 새롭지 않은 해석으로 보일 지 모르나, 그 바탕에는 주체의 위상이

---

7) 이러한 이용자와 이용객, 이용가의 구분은 중요하다. 그것은 경관에 대하여 주체적으로 참여하고 이용하는, 수용미학적 기저와 연관이 있다. 경관에 대하여 창조적이고 주체적으로 참여, 이용하는 것은 경관을 그대로 열린 텍스트화하는 것이다. 닫혀있는 설계가 아니라 이용가들에 의해 새롭게 해석된 경관이 새로운 차원으로 열리는 것이다. 그리고 이러한 적극적 이용은 설계가들의 고뇌에 찬 설계만큼이나 독창적이고 창조적이라 할 수 있으며, 조경 작품 해석의 가능성을 열어주는 주체적 창작 행위라 할 수 있다. 이용객과는 달리 창조적 이용을 생성해내는 이용가들의 역할은 그래서 중요하다.

크게 달라져 있음에 주목해야 한다. 문화적 욕구의 표출이면서 서울의 일상을 바꾸려는 의지, 현대 서울의 이용 양상은 그러한 모습이라고 할 수 있다. 청계천과 서울숲이 이용자들의 창조적인 이용을 위한 마당으로서 작용하고 있다고 이해할 때, 그리고 그 이용자들을 설계가와 동등한 위상에서 이용가라 이해할 때, 도심에서의 일상은 좀더 수용자 중심의 관점에서 관찰되고 생성될 수 있을 것이다. 그리고 그러할 때 도시에서의 삶은 기계처럼 대상화된 객체로서가 아니라 주인으로서의 창조적 삶이 될 수 있을 것이다.

대중예술로서의 조경

대중예술의 위상 변화

근대 조경은 그 시작에서부터 대중 지향이었다. 옴스테드의 사회를 위한 시각이 센트럴파크를 이끌었고 지금까지도 대중의 주목을 위한 소재로 사용되고 있다. 창조적 이용자로서 보다 생성적인 이용을 이끄는 이용가들은 이러한 대중 속에 존재한다. 반면에 조경이 점차 전문화되고 사적인 공간을 중심으로 예술을 지향하게 되면서 예술성이 공공의 영역에까지 확장되어 이해되지 않았나 생각한다. 그로 인해 조경의 대중적 이용은 저급한 것으로 취급되고 어떤 선도의 대상으로까지 받아들여지지 않았나 싶다. 여기에는 대중에 대한 편견이 깔려있다고 생각한다. 그러나 그러한 편견을 없애려는 시도가 다방면에서 나타나고 있다.

고급예술은 일반적으로 진지한 것의 의미를 추구해왔고, 대중예술은 그 동안 비평과 이론의 전통적인 담당자들에 의해서 그 자체로 추구할만한 가치가 없는 것으로 취급되어왔다. '그것은 진지하지 않은', '정제되지 않은', '고상하지 않은' 등과 같이 어떤 것이 결여된 부정적인 것으로 이해되었다.[8] 조경에서는 대중을 보는 시선에 통제되지 않고 파괴적이며 저급하다는 생각이 깔려있었지 않았나 한다. 특히 전문가들에게 막연히 상정된 대중에 대하여서는 더욱 그러하여 포용의 대상이 아닌 통제와 제거의 대상으로 일정 부분을 나누어 놓지 않았나 싶다. 그렇다고 범죄를 예방하고 보다 안전하며 친숙한 공간을 만들기 위한 노력들을 간과하려는 것은 아니다. 강조하는 점은 그로 인해 긍정적이고 창의적인 이용의 가능성마저 막고 있는 것 아닌가 하는 점이다.

최근에는 대중예술에 대한 시각이 바뀌고 있으며, 이를 토대로 대중에 대한 시선 또한 바뀌고 있다. 여기에 앞서 주장한 이용의 측면이 중요하고 이용가에 대한 조명이 필요하지 않나 한다. 또한 대중예술에서 특정의 창의적이고 예술적인 디자인 지향의 태도도 보다 그것을 고려하여 튼튼해져야 할 것이다. 간단히 말해 조경가 자신의 개성은 대중적 요구를 충실히 이해하고 반영한 후에야 가능한 것이라는 점을 잊지 않아야 한다는 것이다.[9)]

이를 위해 대중의 특성과 행태, 요구 등을 보다 면밀하게 이해하고 해석할 수 있는 방법이 고안되고 설계에 적용되어야 한다. 물리적 현상만으로 대중적 요구와 행태를 파악하는 데에는 한계가 있다. 통계적 절차를 도입하는 것 등, 감성적 측면을 고려한 보다 세밀한 이용 행태 조사가 필요할 것이다. 가능하다면 여기에서 더 나아가 대중적 트렌드를 매년 분석하고 일정 기간 디자인의 방향을 제안할 수 있는 조직과 활동도 제안할 수 있을 것이다.

---

8) 박성봉, 『대중예술과 미학』(서울: 일빛, 2006), p.25.

9) 다음과 같은 지적이 조경가에게도 필요한 것 아닌가 한다. "대중예술에서 천재(天才)란 외적으로 부여된 제약들을 만족시키며 동시에 자신의 잠재력을 구체화할 수 있는 일련의 모험을 감당할 수 있는 능력을 말한다. 대중예술의 연기자는 동료들의 요구에 자신을 종속시키면서 동시에 자신의 개성을 발산시킬 수 있는 능력을 필요로 한다."(박성봉, 앞의 책, p.66)

조경, 대중예술이자 대중매체

이렇게 볼 때 조경은 그 자체로 어떤 진지한 가치를 추구한다기 보다 불특정의 이용을 기본으로 포용한다고 할 수 있다. 물론 대중을 위한 선도적 디자인을 시도하는 것이 불필요한 것은 아니다. 대중의 시선을 이끌고 보다 나은 환경과 이용을 유도하는 것도 기본이니까 말이다. 그렇더라도 그것이 주가 되어 이용의 요구를 담지 못해서는 안 된다는 것이다. 설사 그것이 통속적이고, 부정적인 의미에서 대중적이라 하더라도 디자이너로서 예술을 지향하는 태도는 어느 정도 수준에서 정리되고 이용의 특성에 집중하여야 한다는 것이다.

그런 의미에서 조경이란 공공영역에서는 대중예술의 범위를 벗어나서는 안 되는 것 아닌가 한다. 도시공간의 활력을 부여하고 또 새로운 생명력을 이끄는 것은 그것을 이용하는 대중이기 때문이다. 그것은 지금까지 부정적으로만 보아왔던 대중예술에 대한 시각을 유지하자는 것이 아니며, 새롭게 조명되고 있는 대중예술에 대한 미학적 접근들을 수용할 필요가 있다는 것이다. 도시속 소시민으로서 개개의 이용자들을 도시 공간에 대하여 그들만의 예술로서 이용하게 해야 하지 않나 한다.

아울러 부각된 주체, 특히 대중의 이용은 조경에 의해 제공된 환경을 몇몇의 창의적 이용으로 새롭게 해석하고 사용하게 될 것이다. 이 새로운 시도들은 그 자체로 또다른 메시지를 형성하는데 이를 읽고 반영할 수 있는 보다 유연하면서 대중지향적인 시각이 필요하다. 조경가에 의해 제공되는 환경이 대중매체로서 이해되고 대중과의 소통을 유도하는 새로운 장이 되어야 한다는 것이다. 여기에는 미적 장을 대중적으로 확장하여 전문가와 대중 사이의 소통을 활발하게 하고 그것으로서 전체 지향을 형성해야 한다는 생각이 깔려있다.

가로로 지르는 서울; 강변북로와 올림픽대로의 도시

Micro City, 서울

이제 서울은 그 커다란 규모에서만 이해할 것이 아니라, 미시적 시각을 바탕으로 마이크로 시티로서 재탄생하도록 해야 한다. 서울의 새로운 모습은 어린 시절 뛰어 놀던 동네 골목의 추억과 같은 재미의 장소성을 담아야 할 것이며, 그를 통해 고층 건물의 그림자들을 하나씩 지워가야 할 것이다. 엘리베이터와 에스컬레이터를 이용하듯 기계적으로 소비하는 공간이 아니라 순간 순간이 삶의 공간이 되고 기억과 추억이 되는 무수한 장소성을 담도록 해야 할 것이다. 그것은 누구나 서울을 일상적으로 이용할 수 있게 하는 방법으로 진행되어야 하며, 제공된 서울을 보다 창의적으로 이용하는 소비의 설계자로서 이용가들의 활동을 배려함으로써 가능할 것이다.

생산된 공간은 그 이용의 패턴까지 온전히 생산하지는 못한다. 그저 이용을 위한 장을 제공하는 것일 뿐이다. 그 넓은 장에서 새로운 소비를 발견하고 발현하여 공간이 가진 창의적 속성을 더해가는 일은 도시의 생명력을 일깨우는 활력과 같은 요소가 될 것이다.

거대 도시 서울이 아니라 작은 이미지의 공간들이 모여있는, 일상적 장소와 기억이 함께 하는 마이크로 서울이 되어 기억되고 남기를 바란다. 그것은 또한 서울과 내가 친해지고 그를 통해 너와 내가 친해지는 친사회적 공간을 만들게 될 것이다.

서울에서의 대중적 문화 욕구는 바쁘고 무미無味한 일상으로서의 서울이 아니라 이벤트와 사건으로서 기억되고 추억될 수 있는 녹색 서울을 지적하고 있다. 그렇게 제공될 녹색은 주인이 된 이용자들이 새로운 시도와 창조적 이용으로 장소에 힘을 부여하고 일상의 변화를 유도하는 삶의 활기가 될 수 있다. 기억과 추억에 즐겁게 빠져들 수 있는 서울로서, 일상은 유쾌하게 바뀔 것이기 때문이다. 이러할 때 이용은 위상을 달리하며, 창조와 생성의 편에서 새로운 이름으로 불릴 수 있다.

2006 가로로 지르다

임시직 근무가 끝나고 해가 바뀌면서 나는 새로운 일을 하게 되었다. 이번에는 매일은 아니지만 한강변을 따라 규칙적으로 이동한다. 올림픽대로나 강변북로를 따라 서울의 동서를 가로지르는 길에서 강을 따라 보이는 서울은 강 너머 다양한 높이의 스카이라인으로 다가온다. 거리를 두고 보게되는 서울, 마치 영화 속의 장면처럼 흘러가는 서울의 풍경은 아름답다.

대로를 따라 달라지는 풍경은 영화 스크린처럼 펼쳐지며 내게 서울을 거대한 매체로 보게 해준다. 삶이 뭉뚱그려져 소설 속, 영화 속 소시민으로 대변되듯, 각자의 공간과 모습들이 상을 따라 펼쳐지며, 가상의 환경이 되어 강변의 대로를 따라 한 편의 드라마와 같이 펼쳐지는 것이다. 내 일이 아닌 것처럼, 구경하듯이 말이다.

가로로 놓인 길을 따라 건너보는 서울이 가깝게 다가오지 않는 이유는 무엇일까? 그것은 삶의 모습들이 땅에 안착하지 못하고 자꾸 세로로만 서서 하늘로만 쌓여가기 때문 아닐까. 고급이 되고 부자가 되고 영원하고자 하는 도시적 욕망이 매체로서의 서울에 투영되어 있기 때문. 위로가 아닌 옆으로의 조경, 가상이 아닌 현실로서의 조경이 되어 자꾸 날아오르려는 서울을 아름답게 착륙시켜야 하지 않을까 생각해 본다.

2년여에 걸쳐 교직하여 본 서울, 내가 사는 터로서 그 의미를 달리하며 이제 새로운 판을 만들고 있다. 그 판에서 조경의 역할과 나의 역할이 구분되고 드러날 것을 기대하며, 창의적 이용을 강조한 이 글을 닫는다.

05 영화를 통한 도시 읽기

서 영 애_서울시립대학교 조경학과 박사과정

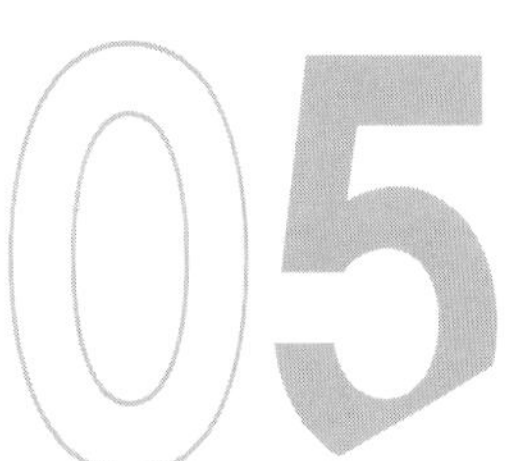

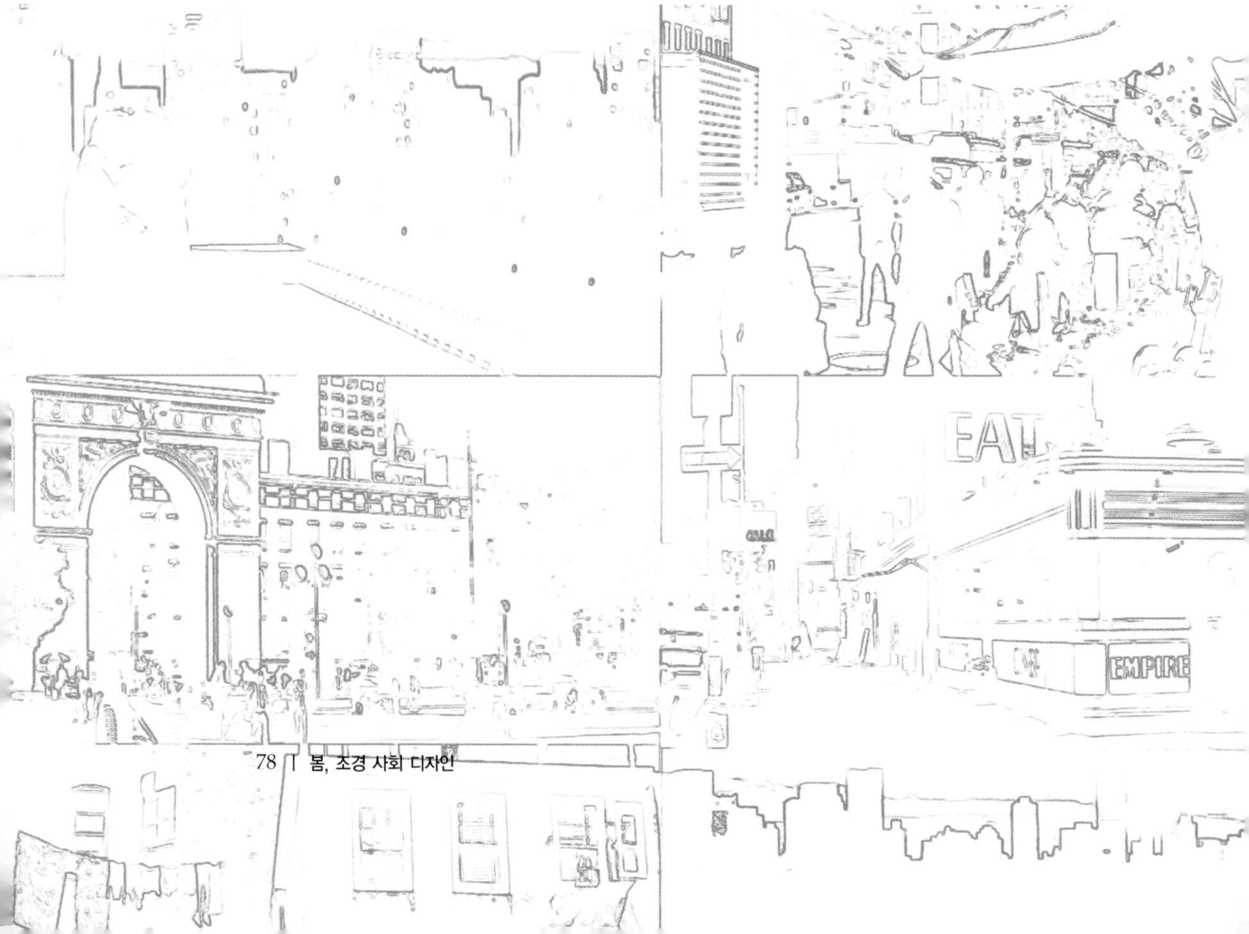

왜 영화인가?

영화 〈모나리자 스마일*Mona Lisa Smile*〉에서 줄리아 로버츠Julia Roberts는 미술사를 강의한다. 그녀는 기존의 고전 미술에 의한 강의 방식이 아닌 여러 가지 새롭고 파격적인 시도로 학생들의 미적 의식을 자극한다. 영화의 후반부, 마지막 강의에서 그녀가 학생들에게 보여주는 슬라이드는 광고사진이었다. 어떤 학생이 "이건 단순히 그냥 광고잖아요?" 라고 말하자, 그녀는 이렇게 대답한다. "지금 너희 눈에는 이것이 단순한 광고에 불과하지만, 이 시대가 아닌 훗날 다른 시대에 이 광고를 본다면 이건 지금의 현실, 그리고 문화를 담은 하나의 예술이 된다."

최근 '다양한 의미체계' 로서의 도시경관 연구가 물리적인 단순한 환경뿐 아니라 경관이 소비되고 재현되는 방식으로까지 개념과 연구범위가 확대되면서 경관 이미지를 구성하는 영화, 광고, 음악 등 다양한 미디어 텍스트들을 그 대상으로 하고 있다.[1] 실제로 우리는 영화를 통해 가 보지 않은 도시의 이미지뿐 아니라 그 도시만의 독특한 문화와 사회상을 엿볼 수 있다. 왕자웨이王家衛의 홍콩, 오즈 야스지로小津安二郎의 도쿄, 허우샤오시엔侯孝賢의 타이베이 등, 현지를 여행하더라도 파악하기 쉽지 않은 역사적 배경과 도시의 사회문화적 탐색이 한편의 영화를 통해서는 가능하다. 뉴욕이라는 동일한 도시는 우디 앨런Woody Allen, 스파이크 리Spike Lee, 마틴 스코시즈Martin Scorsese, 짐 자무시Jim Jarmusch 등 각각 다른 감독에 의해 다른 시각과 다른 이미지로 독창적으로 표현된다. 특히 우디 앨런의 영화는 그의 영화를 보는 것만으로도 뉴욕이라는 도시가 반세기 동안 어떻게 변모하였는지를 느낄 수 있을 정도다.[2] 그의 영화 〈맨해튼*Manhattan*〉(1979)에서는 도시에서 일어날 수 있는 다양한 삶의 이야기를 흥미롭게 펼쳐 보이면서 뉴욕 자체가 한명의 등장인물이라고 감

1) 이무용(1999), 한국 도시경관의 근대성, 『문화역사지리』 11, p.97.
2) 백은하(2006), 『안녕 뉴욕』, 씨네21, p.152.

독은 설명한다(그림1).[3)]

우리는 영화라는 타임머신을 통해 과거의 특정 도시 특정 시간 속으로 옮겨가 당시의 사회상과 거리풍경, 패션, 사회적 관심사 등을 살펴볼 수 있다. 〈블레이드 러너*Blade Runner*〉(1982, 리들리 스콧), 〈메트로폴리스*Metropolis*〉(1927, 프리츠 랑) 등 과거에 제작한 미래 영화를 통해 그 당시 상상하던 미래의 도시 이미지를 엿볼 수 있다. 특히 〈메트로폴리스〉에서는 폭증하는 교통량, 판옵티콘Panopticon을 상징하는 권력적 중심 타워와 마천루, 이미지와 상업 광고로 뒤덮인 스펙터클한 도시 이미지는 현대 도시를 예견한 것이 그대로 적중한 것으로 보인다(그림2). 이처럼 영화는 자유로운

그림1. 〈맨해튼〉(1979, 우디 앨런)
거시인의 '랩소디 인 블루'를 배경으로 뉴욕의 마천루, 센트럴파크 등의 상징적 경관을 포함하여 다양한 삶의 일상적인 모습들을 다큐멘터리처럼 스케치하며 영화가 시작된다.

그림2. 〈메트로폴리스〉(1927, 프리츠 랑)
교통량의 증가, 판옵티콘을 상징하는 권력적 중심 타워, 상업광고로 뒤덮인 스펙터클한 도시이미지는 1927년에 상상한 미래 사회의 예견이 그대로 적중한 것을 알 수 있다.

시공간적 체험을 통해 다양한 도시탐색을 가능하게 하며, 영화를 통한 도시 읽기는 '재현된 공간'을 통해 복잡한 '경험의 공간'을 더욱 잘 이해할 수 있게 한다. 영화는 이미지를 조작해 내는 가장 탁월한 양식이기 때문이다.[4)]

영화와 도시

영상 매체는 도시 공간 체험방식의 변화에 적지 않은 영향을 미쳤다. 폭증하는 영상문화와 시각체험이 일상생활을 지배하고 있으며, 내가 보는 것이 아니라 '보임

---

3) Stig Björkman(1993), *Woody om Allen*, 이남 역, 『우디가 말하는 앨런』, 한나래, 1997, p.146.
4) 구동회 엮음(1999), 『영화 속의 도시』, 한울, pp.12-13.

을 당했다' 는 표현이 실감날 정도로 현재 우리 문화의 현주소는 넘쳐나는 이미지와 현란한 시각적 경험으로 충만하다.[5] 이러한 시지각의 경험을 변화시킨 계기는 카메라의 보급이었다. 카메라는 우리에게 익숙한 사물을 확대해서 보여주거나 사물의 숨겨진 세부적 형태에 초점을 맞출 수 있게 만들었다. 그 결과 한편으로는 우리의 삶을 지배하는 필연성에 대한 인식을 증가시키고, 다른 한편으로는 우리가 전혀 상상하지 못했던 공간을 확보해 주었다. 이전에는 보이지 않는 세계로 간주되던 것이 사진예술에 의해 보이게 되었으며, 이것은 인간의 시각 세계를 확장시키는 결과를 가져왔다.[6] 영화는 보다 드라마틱하게 인간의 시각 체험을 극대화시키며, 대도시 체험 방식에 영향을 미쳤다. 대도시의 모더니티 경험을 '영화, 아케이드 경험, 여성주체' 중심으로 기술한 줄리아나 부르노Giuliana Burno는 도시의 공간적 욕망의 새로운 형태인 영화를 대도시의 산물로 보고, 대도시에 산다는 것은 '영화적 상황' 에 접근하는 다양한 인지 방식에 변화를 가져왔다고 한다.[7] 즉 도시에 산다는 것은 '빠르게 변화하는 이미지를 조망하게' 되며 동시에 그러한 자극에 노출되는 것을 의미한다. 영화를 통한 도시 체험은 실제적인 도시 공간을 형성하는 태도에도 영향을 미쳐 도시 공간의 이미지화, 스펙터클화가 가속화되고 있다. 야간의 거리를 뒤덮고 있는 전광판이 도시인에게는 더 이상 낯설지 않으며 오히려 생기 있는 도시의 기표가 되고 있다.

영화라는 매체가 등장하면서 도시인의 시각체험에 커다란 영향을 미쳤고, 또한 영화를 통해서 보는 도시는 생생하게 살아 있는 이미지를 전달함으로써 실제

---

5) 주은우(2003), 『시각과 현대성』, 한나래, pp.31-32.

6) Benjamin, W.(1934), *Das Kunstwerk im Zeitalter seiner Reproduzierbarkeit*, 반성완 역, 『발터 벤야민의 문예이론』, 민음사, 1983, pp.201-222.

7) 김재희(2002), 1950년대 말~1960년대 한국 영화에 나타난 도시성과 근대성, 중앙대학교 첨단영상전문대학원 석사학위논문에서 재인용.

보다 더욱 실제 같은 모습으로 투영되고 있다.

영화로 보는 서울

2005년 시정개발연구원에서 서울 이미지에 관한 다차원 분석 연구의 일환으로 실시한 '서울 하면 떠오르는 상징물이나 이미지'를 묻는 설문조사에 의하면 1위가 남산, 2위가 63빌딩이었다. 서울의 상징이나 이미지가 영화 속에서는 어떤 의미로 표현되고 있을까?

홍상수 감독의 〈극장전〉(2005)은 남산을 다양한 각도에서 조망한다. 주인공들의 배경으로 남산 타워(정식이름은 N서울타워이다)가 자주 보이기도 하고, 주인공이 직접 남산 안으로 들어가기도 한다(그림3). 감독은 인터뷰를 통해, 왠지 신경이 쓰이

그림3. 〈극장전〉(2005, 홍상수)
남산과 타워의 모습으로 시작한 영화는 남산을 중심으로 하는 서울지도를 그리면서 일상적인 도시의 삶을 그리고 있다. 배경으로 남산이 자주 보이기도 하고, 주인공이 직접 남산 안으로 들어가기도 한다.

그림4. 〈극장전〉(2005, 홍상수)
주인공은 종로에서 타워를 바라보며 새삼스럽다는 듯이 "저건 아무 데서나 다 보이네"라고 중얼거린다. 새삼스럽게 알게 되었지만, 서울의 상징인 남산과 타워는 어디에서나 쉽게 조망된다.

는 장소이고, 올라가 보고 싶지만 막상 가보면 심심한 곳이라고 남산을 설명한다. 또한 홍상수 감독은 그의 영화들을 통해 표피적인 일상으로 드러나는 어떤 사물과 인물의 본질을 드러내고자 한다고 밝히고 있다. 주인공은 종로에서 타워를 바라보며 새삼스럽다는 듯이 "저건 아무 데서나 다 보이네" 라고 중얼거린다(그림4). 영화는 남산을 중심으로 하는 서울 지도를 그리면서 지루한 일상적 도시의 삶을 보여준다. 르페브르는 일상이 지배하는 현대사회의 특징으로 덧없음을 사랑하고, 탐욕적이며, 생산적이고, 역동적이지만 끊임없이 공허감을 느끼고, 지속적인 것을 갈구하며 소외감과 무력감을 느끼는 것이라고 하였다.[8] 일상이 가장 사소한 것임에도 불구하고 이를 통해 그러한 일상의 양태를 드러나게 하는 사회전체를 이해하는 도구가 되는 것이다. 운전하면서 틈틈이 쳐다보니, 남산은 정말 어디에서나 잘 보였다.

가까운 곳에 있어서 중요함을 모르는 사람이나 사물처럼 서울의 상징은 그렇게 늘 보이는 곳에 있는데도 우리는 잊고 살고 있다.

이제는 63빌딩이 가장 높은 건물이 아닌데도 사람들은 서울의 상징으로 63빌딩을 2위로 떠올렸다. 〈후아유〉(2002, 최호)는 서울의 상징인 63빌딩을 배경으로 한다(그림5). 63빌딩은 벤처사업가인 남자주인공과 지하 수족관에서 일하는 여자주인공의 일터이기도 하지만, 그들이 성취하고 싶은 사랑과 야망의 상징이기도 하다. 주인공이 63빌딩을 작은 소주잔에 넣어 보기도 하고, 직접 뛰어오르기도 하는 장면을 통해 63빌딩은 심리적으로 혹은 물리적으로 정복하고 싶은 대상으로 표현된다(그림6). 옥상에서 남자주인공은 사랑을 고백하고 환희에 충만하여 도시를 향해 포효한다. 도시 전체를 내려다보는 쾌락, 극도로 산란한 인간 텍스트들을 전체화하

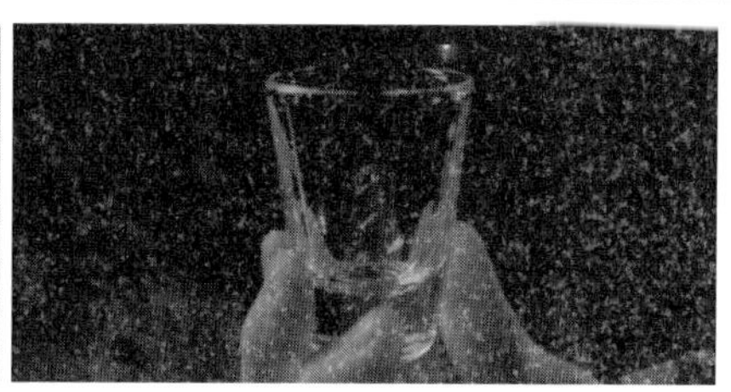

5 6

그림5. 〈후아유〉(2002, 최호)
63빌딩은 서울의 상징으로 엽서나 홍보물에 한강의 모습과 함께 빈번하게 등장하고 있다. 영화의 공간적 배경이 되는 63빌딩의 아름다운 자태로 영화가 시작된다.

그림6. 〈후아유〉(2002, 최호)
작은 소주잔에 넣어 보기도 하고 뛰어 오르기도 하면서 63빌딩은 심리적으로 혹은 물리적으로 정복하고자 하는 젊은이의 적극적인 대상이 된다.

8) Lefebvre, H.(1968), *La vie quotidienne dans le monde moderne*, 박정자 역, 『현대세계의 일상성』, 1990, pp.14-15.

7 8

그림7. 〈후아유〉(2002, 최호)
63빌딩의 옥상에서 사랑을 고백한 남자주인공은 아래를 내려다보며 포효한다. 도시를 내려다보는 쾌락이 사랑을 성취한 기쁨과 함께 고조되는 장면이다.
그림8. 〈후아유〉(2002, 최호)
또 다른 목표를 향해 떠나면서 지하철 차창에 비친 63빌딩의 모습은 꼭 다시 돌아오고야 말겠다는 그들의 다짐처럼 최고가 되고 싶은 욕망의 상징으로 표현된다.

는totalizing 것의 쾌락(Michel de Certeau, 1984)이 사랑을 성취한 기쁨과 함께 고조되는 장면이다(그림7). 각자의 길을 위해 떠나면서 지하철 유리창에 비친 63빌딩은 꼭 다시 돌아오고 말겠다는 그들의 다짐처럼 최고가 되고 싶은 욕망의 상징으로 표현된다(그림8). 이 영화에서의 63빌딩은 그들 자신의 꿈과 이상, 사랑이 투영되는 단순한 물리적 배경을 넘는 '장소' 이다.

서울의 상징은 이렇게 수직적인 메트로폴리스적인 도시경관으로, 육백 년 고도를 자랑하는 서울만의 독특한 이미지는 아니다. 서울은 근대화 과정을 거치면서 자신만의 이미지나 기호, 은유, 상징이 없는 익명의 도시가 되어 가고 있다.[9] 이러한 과정은 비록 70년대의 사전 검열로 인해 있는 그대로 영화에 담기 힘들었던 시기를 거치면서 인식론적 지도 그리기를 온전히 할 수는 없으나, 몇몇 영화에서 우리는 현재의 서울이 있기까지 이어져 온 서울만의 특징을 발견할 수 있다. 60년

9) 김소영(1996), 『시네마, 테크노 문화의 푸른 꽃』, 열화당, pp.102-103.

9 **그림9.** 〈오발탄〉(1961, 유현목)
10 근대화가 태동하던 시기의 서울의 모습을 영화를 통해 볼 수 있다. 상심한 주인공에게 서울의 경관은 어떤 의미였을까?
그림10. 〈오발탄〉(1961, 유현목)
전쟁 후 피란민이 모여 살았던 해방촌의 풍경은 주인공이 겪는 개인적 고통과 가족의 문제로 인한 피폐한 심정과 닮아 있다.

대의 영화인 〈오발탄〉(1961, 유현목), 〈마부〉(1961, 강대진) 등은 근대화가 태동하면서 전통적인 가부장적 의식과 급변하는 새로운 가치관의 충돌, 가난 혹은 전쟁 후의 상처를 겪는 소시민의 삶을 당시의 도시를 배경으로 표현하고 있다(그림9,10). 80년대 초의 〈바람 불어 좋은 날〉(1980, 이장호)과 〈꼬방 동네 사람들〉(1982, 배창호)은 개발 중인 도시의 내부와 주변부로 밀려난 도시 빈민촌을 공간적 배경으로, 급조된 개발붐 속에서 뒤틀린 가치관으로 갈등을 겪는 인물들의 모습이 묘사된다. 개발이 한창 진행 중인 80년대 후반의 영화인 〈칠수와 만수〉(1988, 박광수)에서는 도시와 개인의 대비를 통해 파멸해 가는 인간의 모습을 그려낸다. 강남의 질서정연한 아파트 군의

11
12

그림11. 〈칠수와 만수〉(1988, 박광수)
강남의 질서정연한 빌딩과 아파트 경관은 도시화, 권력, 이데올로기 등의 거대담론으로 상징되며, 이에 비해 인간의 모습은 얼마나 나약한지 대조적으로 표현하고 있다.

그림12. 〈돼지가 우물에 빠진 날〉(1996, 홍상수)
홍상수 감독의 영화에서 공간과 인물은 일상적인 묘사로 인해 그것들이 가지고 있는 본질을 드러나게 한다.

배경과 주인공이 대치상황을 벌이게 되는 옥상 공간을 병치하면서 도시화, 권력, 이데올로기 등의 거대 담론에 비해 인간의 모습이 얼마나 나약한지를 상징적으로 표현하고 있다(그림11). 영화의 배경은 사회문화적, 역사적 배경 및 당대의 이데올로기, 영화사적인 상황에 따라 다양하게 표현되어, 영화를 통해 그 시대의 공간과 사건을 간접체험 할 수 있다.

배경, 그 이상으로의 도시

다양한 장르의 영화가 등장한 90년대 후반부터는 개인적 감정이 중요시되는 일상적 공간으로의 묘사가 두드러지게 된다. 홍상수 감독의 〈돼지가 우물에 빠진 날〉(1996)의 공간은 그 공간이 어떻게 쓰이는가, 혹은 무엇인가를 상징하기보다는 그 공간에서 무슨 일이 일어나는가에 주목한다. 앞의 〈극장전〉에서 살펴본 바와 같이 공간의 구체성보다는 도시의 일상생활들이 가시적 형태로는 담아내기 어려운 도시 속에서의 의미를 담아내거나[10] 사회에서 개인으로, 개인의 사회적 삶에서 은밀한 내면의 공간으로 영화의 공간이 바뀌었다(그림12).[11]

최근의 영화에서 도시공간은 보다 적극적인 장치로 사용된다. 〈얼굴 없는 미녀〉(2004, 김인식)에서는 자아를 상실한 한 여자의 심리와 끝없는 공허함을 텅 빈 도시의 가로를 통해서 표현한다. 건물과 건물을 잇는 브리지는 정상과 비정상, 이승과 저승, 이성과 광기의 통로로 상징적인 역할을 한다(그림13).[12] 더 나아가 도시 이미지 자체가 영화 전반의 중요한 모티브로 사용되기도 한다. 〈썸〉(2004, 장윤현)은 도로, 아파트, 복합상가 등의 도시 공간을 배경으로 하며, 디지털 카메라, CCTV,

10) 지윤희(1999), 최근의 한국영화에 나타난 서울 읽기, 『영화문화연구』(1), pp.175-213.

11) 이효인(1999), 『영화미학과 비평 입문』, 한양대학교 출판부, p.201.

12) 김인식(2004), '김인식 감독이 말하는 얼굴 없는 미녀의 네 공간', 『씨네21』(463), pp.52-53.

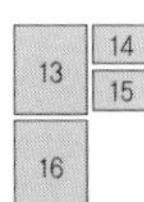

그림13. 〈얼굴 없는 미녀〉(2004, 김인식)
텅빈 가로는 자아를 상실한 한 여자의 심리와 끝없는 공허함을 표현하며, 브리지는 정상과 비정상, 이승과 저승, 이성과 광기의 통로로 상징적인 역할을 한다.

그림14. 〈썸〉(장윤현, 2004)
교통리포터인 여 주인공은 CCTV를 통해 정보를 전달한다. CCTV를 통해 드러나는 서울 거리는 분절되고 파편화되어 보여진다.

그림15. 〈썸〉(장윤현, 2004)
디지털 카메라, CCTV, 핸드폰, 대형 전광판 등은 중요한 모티브로 등장하여 주인공들이 소통하고 문제를 해결하는 수단이 되기도 한다.

그림16. 〈달콤한 인생〉(2005, 김지운)
빛과 색채, 공간적 질감의 콘트라스트를 통해 구축된 감독의 누아르 스타일은 주인공의 내면과 상황을 드러낸다. 주인공의 심리묘사를 위해 세트 제작에 세심한 주의를 기울인 흔적을 볼 수 있다.

핸드폰, 대형 전광판 등은 내러티브와 직접적인 연관을 갖는 중요한 모티브로 등장한다. 늘 바쁘게 달려야 하는 도시인들은 이러한 필수품들로 유일하게 소통하고 또 문제를 해결하는 수단이 된다(그림14,15). 빠른 속도감으로 상징되는 현대도시는 이러한 속도를 몸으로 즐기려는 젊은이들에게는 훌륭한 놀이터가 되기도 한다. 〈태풍태양〉(2005, 정재은)의 주인공들은 심야에 도심 한가운데에서 젊음을 발산하며 도시를 즐긴다. 〈달콤한 인생〉(2005, 김지운)에서는 공간으로 주인공의 심리묘사를 표현하기 위해 세트 제작에 심혈을 기울인 흔적을 발견할 수 있다. 빛과 색채, 공간적 질감의 콘트라스트를 통해 주인공의 내면과 상황을 드러내고 싶었다고 감독은 밝히고 있다(그림16). 인물 묘사에 있어서 공간이 차지하는 비중이 커지고 있다.

또한 영화에서는 한 도시가 지니고 있는 고유한 이미지가 영화 전체의 분위기를 대변하기도 한다. 여고를 막 졸업한 다섯 소녀의 성장 영화인 〈고양이를 부탁해〉(2001, 정재은)는 인천을 공간배경으로 한다. 개항과 국세공항으로서의 역사를 가지고 있으면서도 서울 언저리를 벗어나지 못하는 도시 이미지가 감독이 표현하고 싶은 인물들과 닮았고, 어디든지 떠날 수 있는 가능성을 가진 도시라는 점이 인천을 배경으로 택한 이유라고 밝히고 있다(그림17). 여성에 의한 대안가족의 새로운 전형을 보여준 〈가족의 탄생〉(2006, 김태용)에서의 호반도시 춘천은 소외되고 버림받은 사람들의 따뜻하고 낭만적인 장소로 부각된다. 개인적으로도 춘천은 대학시절부터 품어온 환상과 추억의 장소다. 김현철의 '춘천 가는 기차' 를 들으며 학교 가는 버스 대신 올라탔던 경춘선 비둘기호, 공지천과 수변 카페, 소양강 댐 등으로 추억된다. 서울에서 출발하여 하루 동안 일상을 벗어날 수 있는 짧은 여행이 가능한 낭만적인 장소다. 춘천에서 이루어지는 마법 같은 사랑으로 감독도 필자와 같은 환상을 가진 사람이 아닐까 하는 추측을 해본다(그림18). 〈러브 토크〉(2005, 이윤기)는 LA가 주요 공간배경이다. 이 영화에서의 LA는, 마음을 드러내고 타인과 소통하는 데 서툰 주인공들이 인간관계에서 단절을 초래할 수밖에 없는 도시로 그려지며, 도시 자

17 **그림17.** 〈고양이를 부탁해〉(2001, 정재은)

18 영화의 도입부는 배경도시가 인천임을 알리는 경관으로 시작된다. 어디든지 떠날 수 있는 가능성을 가진 도시라는 점이 인천이라는 도시를 택한 이유라고 감독은 밝히고 있다.

그림18. 〈가족의 탄생〉(2006, 김태용)

호반도시 춘천은 소외되고 버림받은 사람들이 서로의 상처를 보듬어 주는 낭만적인 장소로 부각된다. 춘천에서 이루어지는 마법 같은 사랑의 완성으로 감독도 필자와 같은 환상을 가진 사람이 아닐까 추측해 본다.

체가 이민자의 고독과 소외감을 대변한다. 서울은 불행할지언정 여타한 인간관계라도 있는 도시인 반면, LA는 노력하지 않으면 인간관계를 맺을 수 없는 도시라고 감독은 설명한다. LA에서 돌아온 주인공이 도착한 마포구 신수동에서의 엔딩 신은 주인공이 헛된 욕망을 접고 소박하게 새 출발한다는 심리상태를 일상적인 공간모습을 통해 표현하고 있다(그림19).

영화 속의 도시는 이렇게 감독이 표현하고 싶은 영화의 주제를 암시하거나 적극적으로 개입하며, 영화에서 도시가 갖는 비중은 단순한 배경 그 이상이 되기도 한다.

그림19. 〈러브 토크〉 (2005, 이윤기)
공허하고 황량한 이미지의 LA에서 돌아온 주인공이 도착한 마포구 신수동의 엔딩 신은 주인공이 헛된 욕망을 접고 소박하게 새 출발한다는 심리상태를 일상적인 공간모습을 통해 표현하고 있다.

영화를 통해 도시를 본다는 것

천사의 도시 Los Angeles는 빔 벤더스Ernst Wilhelm Wenders에 의해 배고픈 도시로 표현되기도 한다. 〈랜드 오프 플랜티*Land of Planty*〉에서 그는 풍요로운 미국을 아주 다른 시각으로 봄으로써 911테러 이후의 불안과 혼란을 다루고 있다. 르페브르[13]의 '사회 공간social space' 개념으로 볼 때 영화를 통한 도시 공간 읽기는 도시 공간에 내재되어 있는 사회적 생산관계 및 도시적 성향을 드러나게 해준다. 도시 공간은 사회적 과정과 끊임없이 상호 작용하며 새롭게 생산, 소비되기 때문이다. 한 도시를 본다는 것은 단순한 현상을 느끼는 것 이상으로 그것이 가진 물리적 조건이나 사회구조, 이데올로기를 포함한다.

영화연구는 더 확장되어 이제 문화연구 속으로 녹아 들어가고 있다.[14] 또, 영화와 소설의 경계 허물기에 대해 박유희[15]는 매체의 장점을 견지하며 멀티미디어 시대에 대처하는 의연한 방식으로 받아들여야 함을 강조하고 자존은 고립에서 비롯되는 것이 아니라 관계에서 생겨난다고 했다. 가로지르기[16]란 사회가 강요하는 전공이나 분야에 매몰되지 않는 자유로운 사유방식을 가리키는 것으로, 여기서 소통이란 모두를 용해하는 총체적 소통이 아니라 각 부분들 '사이에서' 성립하는 소통이다. 열린 시각으로 유연하게 현상들을 바라보고 각 담론들 사이에 소통의 다리를 놓는 일이야말로 현대 도시의 다양한 문화를 이해하는 방법일 것이다.

영화는 각 담론들 사이에서의 관계 맺기 뿐만 아니라 나와 영화 속 공간과의 관계 맺기를 가능하게 한다. 영화 속에 등장한 물리적 공간이 나의 기억과 경험, 감

---

13) Lefebvre, H.(1991), *The Production of Space*, Blackwell, pp.26-39.

14) 심광현(2001), 영화연구의 탈근대 문화정치적 과제와 전망, 『문화과학』(28), pp.17-27.

15) 박유희(2006), 소설의 외출, 『문학과 사회』(72), pp.306-318.

16) 이정우(2000), 『가로지르기』, 산해, pp.12-21.

정이 녹아들어가면서 추상화된 공간으로 다시 창조되기 때문이다. 저마다의 다양하고 열린 시선으로 도시공간을 본다는 것, 그것은 다층적인 도시를 이해하고 실천하는 문화적 접근방법중의 하나가 될 것이다.

화려했던 불빛이 꺼져가는 시간, 텅 빈 가로를 보면 접속에서의 전도연이 되어 가슴이 아려지기도 하고, 부에노스아이레스의 아휘가 담배를 물고 버스정류장에 서 있는 것 같아 흠칫 놀라기도 한다. 사랑을 잃고 밤을 지새던 그에게 도시의 불빛은 위안이었을까? 도시는 많은 사람들의 감정과 사연이 뒤섞인 살아 있는 유기체다. 느끼면 느낄수록 유정해지라고 한다.

06 공간과 기억

이 유 직_부산대학교 조경학과 교수

인간의 기억이란 정말 이상야릇한 거야.
아무 쓸모없는 것 같은 하찮은 일도,
서랍 속에 잔뜩 챙겨놓곤 하지.
현실적으로 필요하고 중요한 일은 자꾸 잊어가면서 말이야.

– 무라카미 하루키의 『어둠의 저편』 중에서

선유도공원에서 화양연화가 생각났다

단조롭지만 아쉬움이 묻어나는 주제음악과 매 순간 바뀌는 여 주인공의 원피스 의상이 오렌지색 화면과 잘 어울렸던 영화 〈화양연화〉는 개인적으로 왕가위 감독을 좋아하게 만든 작품이었다. 어느 날 찾아온 사랑. 그러나 그 사랑을 차마 터트려 말하지 못하고 욕망과 소심함 사이에서 미묘하게 흔들렸던 주인공들의 세밀한 심리묘사가 짙은 우수와 함께 왕가위 식으로 잘 버무려진 작품이었다. 그러나 난징하게 뒤로 빗어 넘긴 남자 주인공의 흐트러지지 않은 머리카락처럼 두 주인공은 끝까지 감정을 절제하고, 결국 그들의 사랑은 이별로 끝난다. 영화의 마지막 장면에서 주인공 차우는 앙코르와트를 방문하여 나무와 건물이 한 덩어리가 되어 버린 그 고색창연한 바위벽 조그만 구멍에 자신들의 사랑을 새겨 넣듯 이야기하고 돌아 나온다. 앙코르와트의 그림자가 오랜 시간 동안 화면에 흐르면서 영화는 끝을 맺는다.

2005년 봄, 학생들을 데리고 나섰던 〈선유도공원〉 답사는 화창한 날씨까지 보태어져 더할 나위 없이 좋았다. 공원의 이곳저곳을 사진에 담으며 돌아다니는 도중, 벤치며 난간이며 도처에서 누가 누구를 사랑한다는 식의 낙서, 혹은 간단한 그림을 곁들인 사랑의 흔적들을 볼 수 있었다. 개인의 사랑사를 이런 공공의 공간에 보란 듯이 남겨 놓는 요즘 연인들의 표현방식을 처음엔 다소 심드렁하게 여겼었는데, 코르텐 아이언 벽체나 기존의 폐건물 기둥들에까지 크고 작게 새겨져 있는 것을 보고서는 묘한 감동이 생겨났다. 낙서들은 공원의 분위기와 잘 어울리고 있었을

선유도공원

뿐만 아니라 낙서로 인해 공원은 훨씬 더 친근하게 다가왔고 따뜻함이 배어 나왔다. 급기야 〈선유도공원〉에서 연인들의 낙서는 없어서는 안 될 정말 필요한 요소일지도 모른다는 생각을 하면서 선유교를 건너 나오는데 문득 〈화양연화〉가 떠오른 것이었다.

앙코르와트에서 차우가 한 행동이나 〈선유도공원〉에서 많은 연인들의 행동은 사실, 그게 그거 아니던가? 이루지 못한 사랑의 이야기든, 행복한 연애의 순간

선유도공원에 새겨진 갖가지 기억들

이든 특정한 공간에 의지해 자신들의 기억을 남긴다는 것은 방식이야 좀 달랐지만 같은 심성의 발로였다. 〈화양연화〉의 차우는 이루지 못했던, 그렇지만 잊을 수 없는 자신의 사랑 이야기를 수 천 년의 시간이 누적된 공간의 작은 구멍 속에 담고 그 입구를 흙으로 밀봉해 버림으로써 자신들의 이야기가, 영화제목처럼 '인생에 있어 가장 아름다웠던 시절花樣年華'이 덧없이 사라져 버리지 않고 지금까지 그 공간이 그러했듯 앞으로도 오랜 시간 잊혀지지 않기를 바라는 마음에서 앙코르와트를 찾았던 것이다.

그렇다면 〈선유도공원〉의 연인들은 무슨 까닭으로 그 공간을 선택했을까? 〈선유도공원〉은 부지가 갖고 있던 역사적 맥락을 설계를 통하여 잘 살려냄으로써 공원설계의 한 지평을 열었다는 호평을 받았던 공원이다. 공원 속에는 그 이전까지 정수장이었던 흔적들이 곳곳에 남아있을 뿐만 아니라 과거 공간의 질서가 새로운 공원 속으로 잘 습합되어 있어 어디서부터 어디까지가 과거의 흔적이며 어디서부터가 새로운 손길이 닿은 부분인지 구별하기가 쉽지 않다. 여타 도시 내 공원들과는 달리 시간의 층위가 느껴지는 이 공원은 회화적으로 배치된 자작나무 숲이며, 생태 연못, 침전지를 활용한 시간의 정원과 여느 곳에서는 볼 수 없는 탁 트인 한강의 풍경 등이 함께 어우러지면서 방문한 연인들에게 사랑의 기록을 남기고 싶은 욕구가 생기게 하였음에 틀림없다. 조경가는 공원에 시간을 담고자 했고 〈선유도공원〉의 연인들은 자신들의 소중한 시간을 공원 속에 남기고자 한 것이었다.

기억을 담고자 하는 현대조경

어떤 공간이 변화를 피할 수 없게 되었을 때, 그 장소에 담긴 누적된 시간들, 그리하여 일상의 경관을 이루었던 시간들을 조경작업을 통해 새롭게 창조되는 공간 속에 계속 담고자 하는 시도는 현대조경의 뚜렷한 한 경향을 이룬다. 마크 트라이브가 지적했듯이 역사적 양식의 거부가 모더니즘 조경의 특징 중에 하나였다면 시간과 역사, 그리고 기억을 담고자하는 조경은 분명 동시대 조경의 한 특징이라 해도 좋을 것 같다. 모더니즘 조경이 당시 유행했던 신고전주의적이고 자연주의적인 조경의 유산을 철저히 거부하고, 양식적인 측면뿐만 아니라 내용적인 측면에서도 새로운 주제를 새로운 맥락에서 공간속에 담아내고자 했다면 최근의 조경은 이런 태도와는 또 다른 입장을 취하고 있는 것이다.

그것은 무엇보다도 우리 시대 조경의 주요 과제로 등장한 공간들이 근대에는 볼 수 없었던, 오히려 브라운필드brownfield로 대표되는 모더니즘 시대에 만들어진 도시의 공간들이 이제 조경의 새로운 손길을 기다리고 있기 때문에 그러할 것이다. 도시의 한 가운데 섬처럼 남게 된, 그래서 도시에 거추장스런 공간이 되어버린 공장이나 군부대들, 근대에는 도시발전의 랜드마크였지만 이젠 노후화되고 그 기능조차 사라져 버려 철거를 피할 수 없는 도시의 인프라들, 재개발의 손길을 기다리는 주거지역 등에서 조경의 새로운 비즈니스가 생겨나고 있다. 이런 공간들에 대해 우리 시대 조경가들은 원래부터 그 장소에 있었던 역사적인 흔적들을 모두 들어내 버리고 새로운 질서를 재편하여 깔아주기 보다는 본래의 장소가 가지고 있던 시간의 흔적들을 새로운 공간 속에 녹여내어 내러티브 요소로 계속 이용하려는 설계 전략을 채택하고 있다.

우리는 이런 사례를 독일의 〈뒤스부르크-노드 공원*Duisburg-Nord Park*〉의 공장 플랜트에서, 파리의 〈베르시 공원*Le Parc de Bercy*〉의 포도주 창고의 흔적에서 익히 잘

현재의 하이 라인, 뉴욕

(사진: http://www.thehighline.org/images/gallery_current.html)

보았다. 〈선유도공원〉의 녹색기둥의 정원이나 〈영등포공원〉의 맥주 담금솥에서 보듯이 우리나라에서도 곧잘 설계전략으로 이용되고 있다. 그리고 이러한 태도는 조경가들 뿐만 아니라 일반인들의 의식에까지 깊이 인식되어 최근에는 도시의 시간이 묻어있는 요소들을 단순히 기능이 다했다는 이유만으로 제거하기 보다는 그것이 가지고 있는 누적된 시간의 차원 위에 새로운 의미와 질서를 부여함으로써 도시 내에서 새롭게 자리매김하기를 바라는 현상이 도처에서 목격되고 있다. 예를 들면, 제임스 코너에게 또 다른 명성을 가져다 줄 것으로 예상되는 뉴욕의 〈하이 라인 *High Line*〉프로젝트에서 이런 대중들의 태도는 쉽게 발견된다. 1930년대부터 사람들을 실어 나르던 고가 철길이 그 기능을 다하게 되었을 때, 뉴요커들은 이걸 제거하기 보다는 리벳과 철제 아치가 풍미되던 뉴욕의 한 시절을 기억하고 미래의 새로운 형식의 공공공간으로 재창조되길 원했으며, 제임스 코너는 여기에 생태와 문화라는 양념을 더하여 공원으로 다시 부활시키고 있는 중인 것이다.

기억을 중시하는 조경설계 경향은 메모리얼 조경에서 더욱 분명히 드러난다. 어떤 사건 혹은 장소가 주는 집합적, 개인적 기억들은 반드시 긍정적일 수만은 없으며 부정적인 것일지라도 반드시 기억해 두어야 할 것들, 기억함으로써 그 아픔이 치유되는 것들이 있다. 기억은 분명 상상하고는 다르며, 바로 이 점 때문에 우리들은 기억에 주목하게 된다. 그라운드 제로의 〈WTC부지 메모리얼〉이나 베를린의 〈홀로코스트 메모리얼〉, 그리고 워싱턴 D.C.의 〈베트남 참전용사 메모리얼〉 등은 모두 지난 시절의 트라우마를 공간을 빌려 달래는 것들이다.

선택된 기억, 역사가 되다

공간 디자인 속에 시간 요소가 화두가 되면서 기억은 현대의 조경을 읽는 주요한 키워드의 하나가 되고 있다. 역사가 권력을 쥔 소수의 입장에서 기록된 집합적이고 총체적인 시선이라면, 대다수에게 남은 기억은 개별적이고 미적인 시선들이다. 이런 기억은 역사를 보완해 줄뿐만 아니라 그것을 능가하는 기능을 가지고 있기도 하다. 또한 무라카미 하루키가 말하듯 기억은 삶을 지탱시켜주는 연료가 되기도 한다. 사람들은 정작 생활에 유용하고 중요한 것들은 곧잘 잊어버리면서도 자질구레한 일들은 추억의 서랍 속에 차곡차곡 넣어두곤 하는데, 이러한 것들이 결국에는 현실을 견디게 하는 동력이 된다. 아울러 기억은 자의적이며, 변동이 심하고, 때로는 심하게 왜곡되어 있으며 때로는 심하게 미화되어 있어 보편성을 확보하기 어렵지만, 이런 이유로 인해 기억은 타자화된 개인의 중요성을 인식하게 하는 계기가 되기도 한다.

기억은 인간의 고유한 실존방식에 속하는 시간경험의 한 양상이라 리쾨르는 말한다. 기억은 단순히 과거에만 관계하기 보다는 미래에 대한 기대, 현재에 대한 주목과 교호적으로 관계한다. 과거는 기억을 통하여 현재 및 미래와 교감하기 때문에 이야기될 가치가 있으며, 기억은 과거를 지나가버린 것으로 확정지우면서 동시에 현재화하는 수단으로 작용한다. 과거를 과거이도록 하는 존재론적 기준은 그것이 바로 상실된 대상이라는 것이며, 그것은

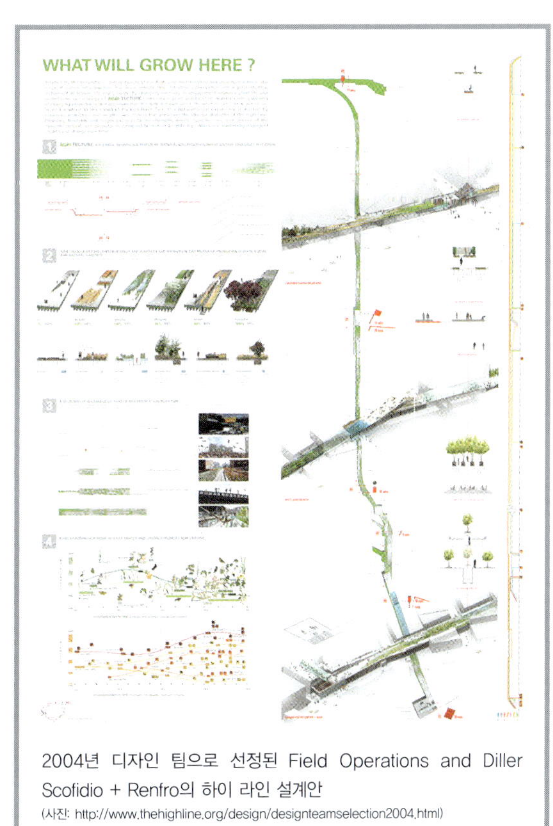

2004년 디자인 팀으로 선정된 Field Operations and Diller Scofidio + Renfro의 하이 라인 설계안
(사진: http://www.thehighline.org/design/designteamselection2004.html)

세계무역센터 부지 메모리얼 당선작 *Reflecting Absence*, Michael Arad and Peter Walker
(사진: http://www.wtcsitememorial.org)

베트남 참전용사 메모리얼, 워싱턴 D.C.

우리의 기억 속에서만, 기억이 지시하는 대상으로서 존재하게 된다.[1] 그리고 이러한 기억은 장소를 통해 공간성을 확보하게 되면 더욱더 강한 힘을 가지며 구체화되고 오래 남게 된다. 영화 〈내 머리 속의 지우개〉에서 알츠하이머병에 걸린 여주인공이 기억을 되살려 "여기가 천국인가요?"라며 동화 같은 장면을 연출하게 되는 것도 자신들의 추억이 담긴 장소를 방문하고서 였다.

조경가가 공간에 기억을 담든, 이용자가 공원 속에 자신의 개인 기억을 남기든 공간을 매개로 시간을 선택적으로 남긴다는 측면에서 동질성이 있다. 조경가는 장소가 지닌 여러 가지 역사적 사실들 중에서 필요에 따라, 혹은 설계의도에 따라 일부를 선택하고 디자인적 변형을 덧붙여 흔적으로 남긴다. 그러나 영어의 선택 selection이란 말속에는 도태라는 뜻도 있듯이, 지나간 시대 역사 중에서 조경가의 손길에 선택되지 않는 역사들은 도태되어 망각에 이르게 되며, 선택된 요소들은 새로운 공간 속에서 지나간 공간의 흔적기관으로 남게 된다. 인간의 기억 또한 흐르는, 혹은 지나간 시간들 중에서 망각이라는 여과장치를 거쳐 필요한 부분만을 선택적으로 남긴다. 물론 잊으려 해도 잊히지 않는 트라우마가 있고, 꼭 기억해 두고 싶어도 금방 흐려져 버리는 일들이 다반사이듯, 망각이라는 기제가 자의적으로 작동하는 것임은 분명 아니라 할지라도 인간의 기억은 주관적이면서도 선택적임은 또한 부정할 수 없다.

선택되어진 기억은 곧장 일상의 경관 속으로 편입되어 버린다. 그리고 그것은 시간을 두고 전승되면서 기억을 넘어 또 다른 역사로 전화된다. 다시 말해 일상의 삶 속에서 전승된, 사적으로 선택된 기억은 다양한 제도 혹은 과정을 통해 공적 기억으로 전화될 때 그것은 더 이상 개인의 기억으로 남지 않는다. 그것은 역사라

1) 전진성(2005), 『역사가 기억을 말하다』, 휴머니스트, pp.143-151.

철거되는 청계 고가도로

는 이름으로 남게 되는 것이다. 그러므로 조경가의 선택은 비록 전문가로서, 사회적 의무와 도덕심을 바탕으로 치열한 설계활동 속에서 행해지는 것이겠지만, 거기에는 조경가의 사유와 욕망과 의지, 그리고 삶과 역사를 보는 시선이 반영될 수밖에 없다.

무엇을 선택할 것인가? 어떻게 남길 것인가?

이런 측면에서 무엇을 선택하고 어떻게 남길 것인가 하는 문제는 우리시대 조경가들이 되새겨 보아야 할 중요한 질문이 아닐 수 없다. 단순히 공간의 기억을 한 두 오브제로 남긴다 한들 제대로 된 설계라고는 할 수 없을 것이다. 기존의 부지에 담긴 시간의 층위를 파악하고 새로운 공원의 시간으로 옮겨오면서, 기존의 시간과 새로운 공간의 조화로운 만남을 이끌어 내는 설계는 그리 쉬운 일이 아닐 것이다.

지난해 온 나라를 떠들썩하게 했던 청계천 복원이라는 대역사 앞에 사라져 버린 청계 고가도로와 뉴욕의 하이 라인을 병치시켜 보면 왠지 아쉬움이 남는 것도 바로 이런 이유 때문일 것이다. 그 옛날 맑은 물이 흐르던 청계천과 주변에 난립했던 판자촌들, 그리고 개발의 시대 삼일빌딩과 그걸 휘감아 돌던 청계 고가도로도 모두 우리의 과거가 아니었던가. 다만 우리가 선택한 것은 문화와 생태라는 프리즘으로 비추어 본 청계천이었기에 고가도로를 전부 철거하고 그 밑에 잠자고 있던 청계천을 복원이라는 이름으로 새롭게 깨워낸 것이다. 하지만 새로운 청계천을 위해 고가도로를 굳이 다 철거할 필요가 있었을까? 하이 라인에서 볼 수 있듯이 청계 고가도로는 서울의 먼 과거와 가까운 과거, 그리고 현재와 미래를 한꺼번에 조망하고 문화와 역사와 생태라는 키워드를 입체적으로 보여줄 수 있는 조경의 좋은 실험공간이 될 수도 있었던 것이다.

동시대 조경에서 시간의 흐름을 인지할 수 있는 요소들이 조경 공간 속에 부활함으로써 그것이 주는 연상과 기억은 타자화 시켰던 인간을 공원의 주인으로 다시 이끌어 내는 동인이 된다. 타자의 '다름'이 인정될 때, 사람들은 공원에서 소외되지 않고 공원 속에 능동적으로 참여하게 되고, 결국, 공원은 사람들마다 서로 다른 버전으로 재창조된다. 조경가가 시간을 다루어야할 프로젝트를 만났을 때, 무엇을 선택하고 무엇을 잊을 것인가 하는 문제는 미래에 대한 투사를 바탕으로 이루어지지 않을 수 없다. 다시 말해 조경가들의 작업은 미래의 가치에 비추어 과거를 현재의 맥락 속에서 재구성하는 일인 것이다. 물론 그 한가운데에는 인간에 대한 따스한 마음이 위치한다. 조경가의 대사회적 의무와 역사적 안목, 그리고 깊은 생각과 빛나는 상상력이 요구되는 요즈음이다.

07 조경은 자연과 교감하고 있는가

박 승 진_조경설계 서안

우리에게 자연은 무엇인가

"다음날, 다시 운동을 하려고 밖에 나가서 담을 보니까, 스카이라인을 따라 틈이 생기지 않도록 평평하게 시멘트를 발라놓았던 것인데, 가만히 보니까 조그만 틈새에 풀이 나 있었습니다. 봄이었기 때문에 그곳에 꽃까지 피었더라구요. 방으로 돌아와서 직업이 글쓰기인지라 그랬는지 모르지만, 자꾸만 눈물이 나와 종일토록 울었습니다. 고등생명인 내가 틈새에 난 풀만도 못하다는 생각을 했죠. 그러고 나서, 절대로 죽지 않는다고 마음에 새겨보기도 했습니다. 풀도 시멘트 감방에 씨를 뿌리고 생명을 유지해 가는데, 나도 생명체니까 가능성이 있을 것이다."[1]

시인 김지하의 고백이다. 쇠창살과 시멘트로 둘러싸인, 인간이 만든 극한의 공간 속에서 시인의 마음을 움직인 것은, 그래서 살아야겠다는 강한 본성을 작동케 한 것은, 다름 아닌 흙먼지를 양분삼아 자라는 작은 풀씨였다.

자연은 이렇듯 결정적인 순간에 전혀 예상하지 못한 방식으로 사람들과 조우하기도 한다. 그래서 '자연' 은 생각만 해도 가슴 설레는 그 무엇이며, 때로는 무섭고 경외스러운 공포의 대상이기도 하다. 그 시작과 끝을 알 수 없기에 신비 그 자체이며, 과학 이전에 신화의 대상이었다. 자연은 모든 만물의 본성이며, 생명탄생의 근원이자 생을 마치고 돌아가는 종착점이다. 인류가 이루어낸 수많은 사상과 철학과 문학의 바탕이 되어 주었고, 삶과 지혜의 원천이기도 하다. 이것이 자연이 가지는 원래의 모습이리라.

그러나 우리들 앞에는 얼핏 이성적으로 해명된 정연한 자연상이 있다. 오늘 우리의 자연관은 오히려 그러한 것에 의해서 결정된다. 그것은, 근대 서양의 과학

1) 다카기 진자부로(2006), 김원식 역, 『지금 자연을 어떻게 볼 것인가』, 녹색평론사, p.235.

자들이 이론화하고 교육과정을 통해 폭넓은 지배력을 갖게 된, 합리주의적으로 파악된 자연의 모습이다.[2)]

반드시 설명이 가능해야 하고, 감상하고 느끼기 보다는 분석하고 실험해야 하는 대상으로 파악되곤 한다. 논리적으로 빈틈이 없어야 하고 데이터로 증명되어야 한다. 황우석 교수는 바로 이 데이터를 과장하고 조작하였다는 이유로 나락으로 떨어진 것이다. 이렇듯 자연은 이제 본성을 떠나 과학으로 이해되는 실용적 대상이 되었다.

자연이 가지는 과학적 속성이 그러하듯, 공간을 바라보는 시선에서도 예외는 아니다. 종종 공간은 도시와 자연으로 양분된다. 도시는 소비를 위한 문명의 공간으로, 자연은 생산과 여가를 위한 자원으로 이해되기도 한다. 에너지를 생산함으로써 문명의 성장을 가속시키는 자원으로 여겨질 뿐 아니라 또 다른 소비 즉, 레크레이션을 위한 대상이 되고 개발된다. 개발론자들의 입장에서 자연은 위대한 모성

2) 앞의 책, p.11.

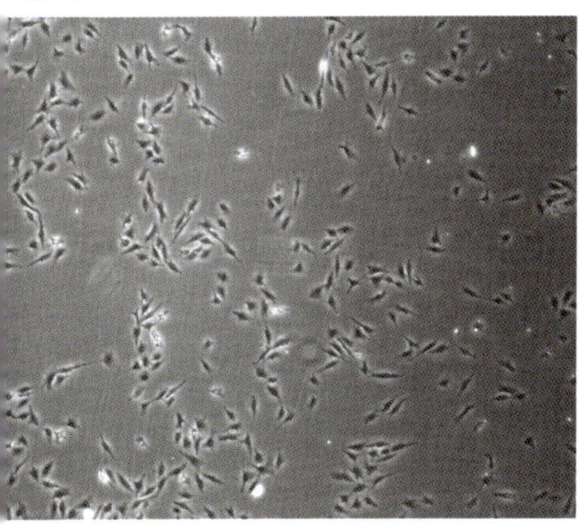

1 2 3

자연은 우리에게 언제나 서정적 풍경임과 동시에 탐구와 과학의 대상이며, 극복하고 이용해야 하는 자원이기도 하다.

그림1.
http://www.indymedia.org.uk/images/2005/07/317233.jpg
그림2.
http://www.dcs.st-and.ac.uk/~rd/remote/Dam.jpg
그림3.
http://webcourse.cs.technion.ac.il/236873/Spring2005/hw/WCFiles/Cell.jpg

이기 보다 돈이 되는 부동산이다. 그래서 '전원田園' 이라는 말에서, 뜻이 가지는 순수한 낭만적 이미지 보다, 어딘지 모르게 투기적 상술이 숨어있을지 모른다는 의심을 품게 되는 것이다.

우리가 지금 살고 있는 삶의 풍경이 대체로 이렇다. 자연 그 자체의 심오한 가치를 논하기에 앞서, 자연이 우리에게 베풀어준 수많은 실용적 안락함에 환호하고 있다. 비록 그것을 영위하기 위해 다소 폭력적 방법이 동원된다 하더라도 말이다. 그리고 그것을 소위 '문명' 이라고 부르는 것에 전혀 주저하지 않는다.

자연과 문명, 남성성과 여성성

굳이 레비-스트로스Claude Levi-Strauss의 주장을 깊이 있게 살피지 않더라도, 남성성으로 대표되는 서구 '문명' 과 여성성을 대표하는 '자연' 의 관계를, 지배-피지배의 관계로 보는 그의 견해에 대해, 오늘 우리는 쉽게 동의할 수밖에 없는 상황에 놓여 있다. 그리고 이 상황 한 가운데에는 자본, 건설, 산업 논리가 존재한다. 자연과 문명은 처음부터 공생의 관계를 가져왔지만, 적어도 산업혁명 이후에는 심한 불균형으로 돌아섰음을 부인할 수 없다. 기술과 과학의 혁명적 진보는 자연에 대한 폭력

4 5 6 우리가 흔히 'mother nature' 라고 부르듯, 자연은 늘 여성으로 이해되고 설명된다.
그림4. http://images.epilogue.net/users/j-art/mother-nature-600.jpg
그림5. http://www.frankpicini.com/images/mother_nature.jpg
그림6. http://www.2dvalley.com/gallery/albums/Visionsary/mothernature.sized.jpg

적 지배라는 형태로 가시화되었고 그 결과 이 시대의 문명은 자연과 화해할 수 있는 자기장의 범위를 벗어나고 있다는 위기감을 느끼지 않을 수 없다. 마치 현대 페미니스트운동이 시작된 지난 30년간 강간, 아동의 성적 유린, 여성 할례를 비롯한 여성육체에 대한 남성지배 폭력의 실상이 드러나며 깊은 분노의 폭발을 경험한 것처럼, 자연에 대한 문명의 폭력은 분명 한계상황에 다다랐다.

힌두교에서는 남성 성기의 추상적인 상징물을 '링가' 라고 부르고 여성 성기의 상징물을 '요니' 라고 부른다. 수 천 년 전에는 이 요니라는 여성의 상징이 남성의 상징보다 더 강력한 힘을 가진 것으로 숭배되었다. 그리고 이 믿음은 탄트라 불교로 이어져 지금까지 내려오는데, 탄트리즘의 중심 신앙은, 남성은 여성을 통하지 않고는 영적인 완성을 이룰 수 없다는 무능의 인지에서 출발한다고 한다. 결국 남성은 여성과의 성적, 정서적 결합을 통해 여성의 우월한 영적 에너지와 접할 때에 비로소 영적인 완성을 경험할 수 있다는 것이다. 이러한 성적인 상징성은 가부장제 종교 건축의 구조에서도 잘 드러난다고 한다. 이브 엔슬러의 표현을 빌려보자. "외음순과 내음순이 있듯이 모든 교회에는 외부 입구와 내부 입구가 따로 있다. 내부 입구는 자궁으로 이르는 질膣처럼 중심제단을 향한 복도로 이루어져 있고, 제단 양쪽에는 나팔관 모양의 연단이 있다. 이 가운데 신성한 중심에는 여성의 자궁이 자리 잡듯이 제단이 있는데 그 곳이 바로 기적, 즉 출산이 이루어지는 곳이다."[3)]

이처럼 적어도 문명이 자연을 위협하기 전까지 자연은 존중의 대상이었고, 경외의 상징이었다. 산업혁명 이후, 자본은 도시에 집중되었고 상대적으로 약자의 위치에 놓인 자연은 착취의 대상이었다. 자연이 파헤쳐지고 황폐화되는 속도만큼 도시는 빠르게 성장하고 높아졌으며, 건설행위는 가속화 되었다.

오늘날 도시문명의 표상은 발기된 남성의 성기로 상징화 되는 수직적 건축 구조물들이다. 이 구조물들은 도시의 풍경을 장악한다. 자연(여성)과의 정서적 결합을 외면하고 허공을 향해 욕정을 뿜어낼 태세다. 항상 어디에서나 오브제처럼 빛나는 존재여야 하며, 오만하게 땅을 굽어본다. 과학기술과 첨단의 이름으로, 때로는 자본과 권력을 무기삼아, 작고 보잘 것 없으며 하찮은 것들을 그 발 아래 굴복시킨다. 그것은 구조물이기 전에 인간의 욕심이고, 풍경이기 전에 이미 권력이다.

그러므로 수직도시는 한낱 이상이었나 보다. 르 코르뷔지에가 구상한 '공원

---

3) 이브 엔슬러(2004), 『버자이너 모놀로그』, 북하우스, pp.11-17.

7 8

문명은 자연에서 비롯된다. 자연이 성장하듯 문명도 성장하지만 그 지향점은 사뭇 달라 보인다. 자연은 공생과 공존의 균형을 지향하지만, 문명은 성장의 높이만큼 진한 그늘을 드리운다.

그림7. *The power of the city, the city of power*, Whitney Museum of American Art, 1992

그림8. http://wuarchive.wustl.edu/aminet/pix/views/forest.jpg

속의 탑' 이라는 개념은 신자유주의의 흐름 속에서 그 상황이 완전히 역전되었다. 이 개념은 한 공간을 개발함에 있어서 저층의 건물을 여러 개 짓는 것보다 그것들을 모아 고층으로 건설함으로써 보다 많은 자연적인 녹지공간을 확보할 수 있고 결국 풍요로운 삶의 조건이 마련된다는 것인데, 자본의 막강한 힘은 탑을 둘러싼 공원을 용납하지 못한다. 천박한 돈의 논리로 볼 때 땅은 자연이기 이전에 투기의 대상이므로, 사들이고 치장해야할 물건이었다. 결국 공원은 설 자리를 탑에게 넘기고

4) 오창섭(2005), 『인공낙원을 거닐다』, 시지락, p.102.

깊고 어두운 그림자 아래로 숨어버린다. 그리고 공원마저 탑의 방식으로, 녹색마저 회색의 방식으로 존재하게 되는 현실이 되었다.[4] 살기등등殺氣騰騰한 풍경에는 폭력적 문명의 남성성만 남고, 생명을 보살피는 자연의 여성성은 사라지고 있는 것이다.

건축인가 조경인가

정원 혹은 조경의 공간은 땅과의 밀착을 통해 자연과 소통하고 관계를 형성한다. 돌출된 형태로 자신의 존재를 드러내는 남성 성기와는 다르다. 겉으로 드러나지는 않지만, 생명을 잉태하는 신비한 어떤 것, 오브제가 아니라 구조체이며 시스템이다. 얼마 전 여성의 성을 본질적인 문제에서 접근하였다고 하여 화제가 된 연극 〈버자이너 모놀로그〉를 보면, 여성의 성기를 순수한 자연 혹은 아름다운 정원에 비유한 가슴 울리는 독백들을 들을 수 있다. 이렇듯 우리가 다루는 자연은 여성성 혹은 여성 그 자체이다.

그런데 건축 구조물이 가지는 문명적, 남성적 속성에도 불구하고 이제는 땅과의 소통, 풍경과의 화해를 추구하는 움직임이 감지되는 요즘, 오히려 자연과의 교감을 추구해야 할 조경작업이 전근대적 건축의 폭력성을 따라가는 아이러니를 적지 않게 발견하게 된다. 이러한 흐름은 무엇보다 조경작업을 '건설' 의 시선으로 바라보는 개발주의적 태도에서 비롯된다.

건축이 수직적 형태로서 쉽게 오브제로 인식되게 하는 것처럼, 태생적으로 땅과의 수평적 결합을 이룰 수밖에 없는 조경의 한계를 벗어나고자 무작정 규모를 확장하고 보는, 그래서 건축물에 견줄 만큼 거대하게 보임으로써 자신의 존재를 드러내는 방식을 취한다. 건축이 가지는 수직적 효율성을, 땅이 가지는 수평적 편리성으로 단숨에 치환해버리는 용감함이 여전히 수많은 개발사업에서 통용되고 있는 것이다. 이 때 땅의 넓이는 또 하나의 지배 권력이 된다. 유난히 큰 집이 분양이 잘 되고, 큰 차가 잘 팔리며, 도로도 무조건 넓어야만 하는 우리들의 그랜드grand 콤플렉스가, 조경의 현장까지 쥐고 흔드는 것은 아닌지, 옥중 김지하의 마음을 움직인 작고 보잘 것 없는 풀 한포기의 진정성은 어디로 간 것인지 안타깝다.

규모의 문제 다음으로, 조경이 이루어지는 땅을 너무 단순하게 바라보는 이른바 태도의 문제는 더욱 심각하다. 땅을, 생명을 지키는 유기체로 보는 것이 아니라 백색의 도화지 혹은 저녁식사를 위한 식탁 정도로 이해하고 있지는 않는지 돌아볼 일이다. 식탁보를 깔 듯 바닥을 디자인 하고, 보기 좋은 그릇으로 장식하듯 갖가지 장치물들로 공간을 꾸며나간다. 기능과 형태가 어떻게 조직되고 진화될 것인가를 예측하기 보다는 드러나는 모양새가 얼마나 오브제처럼 잘 보여지는가에 말초신경을 집중시킨다. 마치 건축의 표면적 형태에 집착하는 초심자들의 태도처럼. 시간과 공간의 그물망이 얽혀있고, 사건과 기억이 스며있는 몸체를 외면하고, 온갖 건자재와 인공물의 집합체로 만들어진 무표정한 공간을 우리는 어떻게 조경이라 부를 수 있을까. 아무리 시각적으로 완벽하고 구성적으로 세련되어도, 그것은 옥외건축일 뿐 생명을 담은 조경은 아닐 것이다. 결국 풍경을 만들어내는 최소 단위체로, 많은 인공적 조경 소재들이 개발되고 쓰여지고 있는 상황이, 어떻게 보면 설계에서 선택의 폭을 넓혀주고, 업계의 영역을 확장하게 하는 일인지는 모르나, 거꾸로 조경의 본질을 상실케 하는, 경관을 획일화시키고 무감각하게 만드는 부메랑이 되어 돌아올지 모른다는 위기감을 느끼는 것도 사실이다.

날로 고층화되어가고, 대형화되어가는 건축을 보면서 그 성장의 추세를 따라갈 방법이 조경에는 없다는 것을 깨닫는다. 백 년 전의 건축과 지금의 건축은 기술적 성과와 규모의 측면에서 보더라도 비교될 수 없을 만큼 달라졌지만, 조경은 그렇지 않다. 본질이 다르기 때문이다. 건축 구조물과 토목 구조체들은 기술과 과학의 힘으로 몸체를 키워나가지만, 조경은 시간과 보살핌, 그리고 자연의 운행으로 성숙해진다. 그러나 종종 본질의 곡해는 과도한 디자인을 낳게 한다. 건물을 짓듯 나무를 심는다. 하늘 높은 줄 모르고 올라가는 건축물과 어설픈 키재기를 시도한

9
10 11

그림9. 인간적 규모의 풍경은 이제 도시에서 더 이상 용납되지 않는 모양이다.
그림10,11. '집' 이라기보다는 자본과 힘의 논리로 쌓아올린 '부동산' 에서 자연과 교감할 여지는 없어 보인다.

다. 강원도 산등성이에서 한껏 기개를 자랑해야 할 낙락장송을 도심 한가운데로 스카웃하여 높이를 견주려고 하는 측은한 풍경이 곳곳에서 연출된다. 우리 조경가들의 대형목에 대한 집착은 이처럼 강박증에 가깝다. 이러한 태도는, 시간의 흐름에 따라 풍경이 변화하고 완성되어 가기를 기다리는 조경의 본성과는 멀고, 오히려 준공 직후 근사한 기념사진을 찍어야 하는 건축의 성급함과 닮아있다. 그만그만한 고층건물 좌우측을 보좌하는 대형 소나무들의 획일적 풍경은, 그래서 동시대 조경 언

그림12-15. 조경식재의 '만능해결사' 장송長松. 주상복합, 오피스빌딩, 아파트단지 등 기능과 용도는 모두 다 다르지만, 한결같이 대형 소나무를 선호하는 모양이다. 고층빌딩의 발목을 소나무들이 어설프게 장식하는 공식이, 우리 도시의 대표적 풍경으로 자리 잡게 되지는 않을런지.

어의 빈곤함을 드러내는 서글픈 풍경임과 동시에, 내 마당을 장식하기 위해 남의 뒷산을 파헤치는 파렴치한 건설행위로 여겨진다.

나무는 생명이 있는 자연의 일부다. 풀 한포기, 어린 가지 하나도 자연의 섭리로 움직이지 않는 것이 없다. 그래서 조경작업은 건자재로 만들어지는 건축행위와 본질적으로도 태생적으로도 다른 것이다. 도면화 할 수 있다고, 물량으로 산출할 수 있다고, 규격을 표시하고 표준화 흉내를 낼 수 있다고 하여 결코 조경이 건축이 되는 것은 아니다.

조경의 진정성

조경은 자연에 대한 경외심과 존중에서 출발해야하는 지극히 관계 지향적인 작업이다. 그러나 우리 사회가 고도산업사회를 거치면서 모든 것이 산업화의 대상이 되었고 조경도 예외가 아니었다. 산업은 성장이라는 속성을 가지고 있어서 남성적이고 기술 지향적이며 규모 지향적이다. 효율과 표준이 덕목이 되고, 가치보다는 성과를 중시한다. 반면에 자연의 속성은 여성성의 본질과 닿아있어서 다양성을 추구하고 감성적이며 온화하고 많은 것을 포용한다. 하지만 상처받기 쉽고, 상대적으로 연약하다.

많은 사람들이 건축의 연장선에서 조경을 이해하려고 한다. 어떤 클라이언트는 유지관리에 힘이 들지 않는 정원을 만들어 달라고 특별히 부탁을 하곤 한다. 아침 일찍 일어나 나무에 물 한번 주지 않고도, 더운 여름에 풀 한번 뽑지 않고도 아름다운 정원을 유지하고자 한다면 그를 위한 정원은 사이비공간에서나 가능할 것이다. 건자재로 만들어진 집조차 청소를 하고 관리를 하는데, 생명으로 이루어진 정원에 수고를 들이지 않겠다면 그에게 진정한 조경은 없는 것이다. 흉내내기는 어

그림16, 17. 길이 넓으므로 광장이 넓어지고, 넓어진 광장만큼 높은 나무가 필요한가 보다. 풀 한 포기에서도 자연을 느낄 수 있으련만, 콘크리트 광장을 굽어보는 낙락장송은 측은하기만 하다. 사시사철 한결같은 모습이 당당하게 보이기보다는, 고향을 떠나온 몸뚱이가 오히려 안쓰럽다.

그림18-21. 부석사를 만나는 첫 풍경. 영주시는 2002년 60억원을 투자하여 부석사 진입부에 대규모 주차장을 만들고 인공폭포, 안개분수로 장식한 600평 규모의 공원을 조성하였다. 소나무와 자연석을 이용하여 폭포까지 만들었지만, 자연이 느껴지는 편안한 풍경과는 거리가 멀어 보인다. 조경을 단순히 볼꺼리 만들기 또는 치적사업으로 여기는 관행이 사라지지 않는다면, 건설과 개발의 논리에 휘말려 조경의 본질을 잃을 수밖에 없다.

렵지 않다. 풍경사진을 짜깁기 하듯, 돌을 놓고 나무를 심고 연못을 파고 풀을 심어도 자연의 본성을 따르지 않는다면, 쇼프로의 한 코너처럼 일과성 풍경에 머물고 만다. 조경을 자연으로 이해하지 못하고, 문화적 과시 도구나 이해타산의 구실로 여기는 천연덕스런 행위들을 요즘 부쩍 많이 보게 된다.

봄이 오고 있다. 생명은 땅에서 움터서, 바람을 따라 물길을 따라 흘러갈 것이다. 이제 작고 하찮고 보잘것 없는 것들이 위대한 자연을 완성해 간다. 햇빛은 여전히 이글거리면서 생명을 살찌우고, 또 땅을 기름지게 할 것이다. 낮에는 푸른 하늘이지만, 밤에는 별빛이 반짝이는 무한한 우주공간 속에서, 자연의 기운은 서로 소통하고 운행한다.

이 모든 자연의 현상들을, 조경가들은 크리에이티브의 대상으로 삼고 있다. 생명체를 가지고 시간을 거름삼아 풍경을 빚는 소중한 작업인 것이다. 자연의 본질은 상실된 채, 유용성의 대상으로, 사유화되고 매매의 대상이 되어버린 자연을 사람들에게 되돌려 주는 정말 가치 있는 작업이다. 그러므로 어설픈 자연 흉내내기로 본질을 흐리지 말아야 할 것이며, 조경이란 작업을 통해 얻고자 하는 진정한 가치는 무엇인지 다시 한 번 깊이 되새겨 볼일이다.

08

건축의 조경화

배 정 한_단국대학교 환경조경학과 교수

01

"(오늘날 건축가들에게) '랜드스케이프' 라는 단어는 … 미국인들이 '퍽' 이라는 말을 입에 달고 사는 것 이상으로 자주 쓰이고 있다"[1]는 MVRDV 대표 건축가 위니 마스 Winny Maas의 지적처럼, 랜드스케이프landscape는 동시대 건축의 뜨거운 감자다.[2] 세계 건축 설계 시장과 교육을 휩쓸고 있는 스타 건축가들의 어휘 목록에서 랜드스케이프가 빠지는 경우를 찾기란 쉬운 일이 아니다. 실험적 전략이건 실체가 모호한 패션이건 간에 그들이 랜드스케이프를 언어나 개념의 차원에서 건축 전선에 배치하고 있는 것만은 아니라는 점, 우리가 눈여겨 볼 부분이다. 건축가가 공원과 같은 전통적인 조경 영토로 진입했다—라빌레뜨공원 설계경기가 대표적인 예일 것이다—는 수준에서 건축과 조경의 경계 해체가 예고되던 1980년대의 상황과 달리, 최근의 건축은 내용과 형태 모두에서 조경과 구별되지 않는 경우가 적지 않은 것이다.

"건축의 조경화"라고도 할 만한 이런 현상을 증명하거나 확인하기란 어려운 일이 아니다. 서점의 건축 코너에서 최근 작품집 몇 권만 뽑아들더라도, 어렴풋하게나마 기억나는 건축가 몇몇의 이름을 인터넷 검색창에 쳐 넣기만 하더라도, 우리는 대지가 건물을 타고 올라가고 건물 지붕이 곧 정원이고 건물이 지형 속에 파묻히고 주변의 경관이 건물 안으로 관입되어 뒤섞이는 예사롭지 않은 작품들을 만날 수 있다.

---

1) "The word 'landscape' … is even more often used than Americans use the word 'fuck.'" Ashley Schafer & Amanda Reeser, "Approaching Landscapes," in *Praxis 4: Landscapes*(2002), p.4에서 재인용.

2) 최근 한국 건축(학)계에서는 landscape의 번역어를 따로 찾지 않고 '랜드스케이프' 로 그대로 표기하는 경향이 나타난다. 경관이라는 조경 쪽의 번역 관례를 따르지 않고 랜드스케이프라는 일면 어색한 용어를 선택하고 있는 현상의 이면에는 회화적이고 낭만적이며 시각중심적인 종래의 landscape 개념을 극복하고자 하는 의도가 있다고 볼 수 있다. 이 글에서는 landscape를 주로 '랜드스케이프' 로 표기하기로 한다. 건축에서 접근하는 landscape가 글의 중심 논제이기 때문이다. 하지만 때로는 '경관' 을 선택하는 경우도 있을 것이다. 이 경우 독자들은 그 행간에 깔린 필자의 의도를 세심히 파악할 필요가 있다.

02

"조경 같은 건축"의 대표적인 사례로 우선 FOA Foreign Office Architects의 〈요코하마 항만터미널 *Yokohama Port Terminal*〉을 들 수 있을 것이다(그림1). 이질적 프로그램을 연속적으로 혼합하기 위해 여러 층의 판surface을 접은folding 이 작품에서 건축물의 외피와 조경 공간을 구분하는 것은 무의미한 일이다. 건축물과 대지의 층이 연속적으로 결합된 메카노Mecanoo의 〈델프트 기술대학교 중앙도서관 *Delft Technical University Central Library*〉에서는 건축의 입면이 곧 조경의 평면이다(그림4). 퓨쳐 시스템스Future Systems의 〈웨일즈 주택 *House in Wales*〉에서는 투명한 건축물이 지형의 일부로 삽입된다. 건축이 경관을 배경으로 선 오브제가 아니라 건축과 지형이 맺고 있는 관계의 형식이 곧 하나의 랜드스케이프를 구성하고 있는 것이다(그림2). 웨이스/만프레디 Weiss/Manfredi Architects의 〈시애틀 올림픽 조각공원 *Seattle Olympic Sculpture Park*〉 계획안은 도시 조직 사이에 마치 조각된 것 같은 랜드스케이프를 매개체로 끼워 넣음으로써 기존 건축물의 형식과 내용을 변경하고자 한 시도이다(그림3).

그림1. FOA, *Yokohama Port Terminal*, Yokohama, Japan(사진: 조경진)

그림2. Future Systems, *House in Walos*, Wales, UK(자료: *Landscrapers*, p.27)
그림3. Weiss/Manfredi Architects, *Seattle Olympic Sculpture Park*, Seattle, USA(자료: *Groundswell*, p.117)
그림4. Mecanoo, *Delft Technological University Central Library*, Delft, The Netherlands(자료: *Landscrapers*, p.109)

주변 지형이나 자연 경관과 만나거나 연결되는 건축 외에, 단일 건축물 내에서 랜드스케이프의 새로운 형식을 실험한 작품들도 이제 낯설지 않다. MVRDV의 〈빌라 브이피알오*Villa VPRO*〉에서는 건물 안에 만들어진 뱀처럼 굽은 정원이 옥상부로 연결되어 대지의 지질학적 구성을 보여주며, 건축 내부와 외부 공간의 경계가 의도적으로 애매하게 처리되어 있다(그림5). '새로운 자연'을 시도한 다층의 공원이라고도 볼 수 있는 〈엑스포 2000 네덜란드관*Dutch Pavilion for the EXPO 2000*〉은, 적어도 MVRDV는 건축과 조경이라는 이분법적 구분을 이미 폐기했음을 선언하고 있다(그림6).

그림5. MVRDV, *Villa VPRO*, Hiversum, The Netherlands(자료: *Superdutch*, pp.126, 129)
그림6. MVRDV, *Dutch Pavilion for the EXPO 2000*, Hanover, Germany(자료: *The Artificial Landscape*, p.140)
그림7. 김종규+김준성, 헤이리 커뮤니티 하우스, 파주

03

"건축의 조경화"는 유럽의 브랜드 건축가들에게만 국한된 현상이 아니다. 이미 한국의 건축 환경도 적어도 표면적으로는 '랜드스케이프'라는 좌표로부터 자유롭지 않다. 2000년대 한국 건축의 실험장이라 할 만한 〈파주출판도시〉는 랜드스케이프라는 개념이 한국 건축의 영토에 도입된 첫 사례라고 할 수 있다. "건축적 랜드스케이프"라는 상표를 즐겨 달아온 플로리안 베이겔Florian Beigel, 그리고 그와 사고를 공유하는 민현식, 승효상, 김종규, 김영준으로 구성된 다섯 명의 코디네이터가 마련한 파주출판도시 건축 지침의 핵심은 "건축을 인프라스트럭처로 이해해 랜드스케이프를 써나가는 것"이라고 요약할 수 있다. "'건축들이 모여 하나의 특별한 환경을 만든다'는 일반화된 생각에서부터 '환경 또는 땅의 조건들에서 건축이 도출되어야 한다'는 근본적인 사고의 전환"[3]이 파주 건축지침의 바탕인 것이다. 출판도시의 랜드스케이프가 도시적 스케일이라면, 〈헤이리 아트 밸리〉에서는 개별 건축의 스케일에서 랜드스케이프와의 접점을 모색한 작품을 다수 만날 수 있다. 김종규+김준성 설계의 〈헤이리 커뮤니티 하우스〉는 건축이 구성하는 지형이라는 것, 또는 이른바 건축적 랜드스케이프라는 것을 단정적으로 제시하고 있다(그림7). 헤이리에서 가장 많은 사람들이 북적이는 최문규+조민석+제임스 슬레이드James Slade의 〈딸기가 좋아〉는 상품 캐릭터를 주제로 한 일종의 테마공원이라는 점에서도 흥미롭지만, 건축 내외부의 경계 허물기라는 점에서, 더 나아가 건축물 자체를 하나의 작은 산과 같은 랜드스케이프로 의도하고 있다는 점에서 주목을 끈다. 이 건물도 공원도 아닌 인공의 산에서는 건물은 건축이 설계하고 그 외부 공간은 조경이 설계한다는 도식적 이분법이 통용되지 않는다(그림8).

---

3) 민현식, "제 5섹터", 『이상건축』 2001년 12월호, p.78.

8	
9	10
11	12

그림8. 최문규+조민석+James Slade, 딸기가 좋아, 파주
그림9. Dominique Perrault, 이화여대 캠퍼스 센터(ECC), 서울(자료: 『건축과 환경』, 2004년 3월호, p.147)
그림10. Rem Koolhaas+Mario Bota+Jean Nouvel, 리움(Leeum), 서울(자료: www.leeum.org/html/architecture/tour.asp)
그림11. 김억중, 아주미술관, 대전
그림12. 유걸, 배재대학교 국제교류관, 대전

이러한 양상이 파주나 헤이리처럼 특별하게 계획된 도시나 단지 규모의 부지에서만 나타나고 있는 것은 아니다. 대학 캠퍼스의 복합 공간이나 복잡하고 고밀한 도시 조직 한가운데에서도 건축과 랜드스케이프는 관계를 맺고 있다. 도미니크 페로Dominique Perrault의 〈이화여대 캠퍼스 센터〉 계획안이나 렘 콜하스Rem Koolhaas+마리오 보타Mario Bota+쟝 누벨Jean Nouvel의 〈리움*Leeum*〉을 손쉬운 예로 들 수 있을 것이다(그림9, 10). 미술관—이를테면 김억중의 〈대전 아주미술관〉—이나 학교 건물—예컨대 유걸의 〈배재대학교 국제교류관〉—같은 개별 건축에서도 주변 지형 · 경사로 · 계단 등을 단골 매개물로 삼아 "건축의 조경화"가 드물지 않게 진행되고 있다(그림11, 12).[4]

04

"조경 같은 건축"의 다양한 층과 결을 보다 면밀히 구분하여 분석하고 그 내용적 의도와 형식적 양태에 비판적 잣대를 들이대는 일은 이 글의 범위를 벗어난다.[5] 다

4) 경향 또는 유행의 단면이라고 할 수 있는 건축 잡지에서도 "건축의 조경화"는 예외가 아니다. 다수의 국내 건축 잡지에서 최근 1, 2년간의 근작 코너를 차지하고 있는 작품들은 랜드스케이프와 여러 가지 방식으로 관계를 맺고 있다. 한편 최근에는 건축 잡지의 지면 일부가 아예 조경 작품에 할애되는 추세를 볼 수 있기도 하다. 몇 가지 예만 들자면, 『건축과 환경 C3 Korea』 2004년 11월호는 조경가 최신현의 〈회산 백련지 백련로〉를 다룬 바 있고, 『플러스』 2005년 7월호는 조경가 안계동의 〈서울숲〉을 리뷰한 바 있다. 같은 달의 『건축인 POAR』는 〈인천 남동구 중앙공원〉에 렌즈를 들이댔고, 『플러스』 2005년 6월호는 『환경과 조경』도 지나쳐버린 현대 조경 전시회 〈Groundswell: Constructing the Contemporary Landscape@MoMA, 2005. 2. 25~5. 16.〉을 조경가 정욱주의 글을 통해 소개한 바 있다.

5) 건축과 조경 사이의 새로운 지형도를 독해하기 위한 이론적 지도가 필요하다면, 아쉬운 대로 다음 책의 08장 "조경과 건축의 화해"를 참고할 수 있을 것이다. 배정한, 『현대 조경설계의 이론과 쟁점』(성남: 도서출판 조경, 2004). 현대 건축이 랜드스케이프와 관계 맺는 방식의 유형에 관심을 둔다면, 아래의 책을 권한다. Eduard Bru, ed. *New Territories, New Landscape*(Barcelona: ACTAR, 1997). 이 책은 제목과 같은 이름으로 바르셀로나에서 열린 건축 전시회의 성과물을 담고 있는데, 큐레이터 에두아르드 브루는 침투(infiltration), 랜드마크(landmark), 경계(borders), 내부 경관(interior landscape)의 네 가지 틀로 현대 건축이 랜드스케이프를 대하는 태도를 분류하고 있다. 건축과 조경 "사이"의 긴밀한 관계성에 대한 이론적 해석과 그 사례 작품을 검토하고자 한다면, 다음 책을 일독할 만하다. Anita Berrizbeitia & Linda Pollak, *Inside/Outside: Between Landscape and Architecture*(Gloucester, MA: Rockport Publishers, 1999).

만 건축과 랜드스케이프의 접점을 찾는 이론적 · 실천적 실험이든 또는 그러한 실험의 우산 아래에 기생하는 일부 아류작이든 간에, 동시대 건축이 그려내고 있는 함수에서 랜드스케이프가 중요한 변수로 작용하고 있다는 점만큼은 강조할 필요가 있을 것 같다.

그 이름은 중요하지 않다. 그것은 "지형이나 경관을 고려하거나 적극적으로 이용하는 건축"일 수도 있고, 이른바 "지형적 건축topological architecture"일 수도 있다. 플로리안 베이겔처럼 "건축적 랜드스케이프"라는 이름을 붙일 수도 있을 것이며, 김종규처럼 "랜드스페이스"라는 이름을 택할 수도 있을 것이다. 찰스 젱크스Charles Jencks는 "랜드폼 건축landform architecture"이라는 이름을 짓기도 했다.[6] 또 하늘을 향해 치솟는 고층의 마천루 건축, 즉 스카이스크레이퍼skyscraper와 대조적으로 "땅을 기는 건축"이라는 뜻으로 사용되기 시작한 신조어 "랜드스크레이퍼landscraper"가 오히려 최근의 경향을 재치 있게 설명해 주는 개념이자 명칭일 수도 있다.[7] 국내에만 국한된 경우이지만, 원어로는 조경과 마찬가지인 "랜드스케이프 건축"이라는 말이 쓰이는 극단적인 경우도 있다.[8] 이처럼 그럴듯하면서도 애매모호한 다양한 이름의 건축을 가로지르는 공통분모는 결국 "랜드스케이프"이다.

이제 조경의 시선으로 그 "랜드스케이프"를 볼 차례이다. 그러나 조경가의 입장에서 쟁점은 랜드스케이프라는 어떤 것의 실체가 무엇인가에 있지 않다. 오히려 "왜" 동시대 건축이 새삼 랜드스케이프에 골몰하는가라는 문제에 초점을 맞출 필요가 있다. 그것은 곧 "건축의 조경화"를 조경은 어떻게 볼 것인가라는 물음과 긴밀히 연관되기 때문이다.

---

6) Charles Jencks, "Landform Architecture: Emergent in Nineties," *AD* 67:9/10, 1997.

7) "랜드스크레이퍼"라는 설득력 있는 개념과 함께 다양한 사례를 제시하고 있는 다음 책을 추천한다. Aaron Betsky, *Landscrapers: Building with the Land*(New York: Thames & Hudson, 2002).

05

건축은 왜 랜드스케이프에 접속하고 있는가? 건축이 랜드스케이프에 도전하고 있는 양상은 그동안 랜드스케이프를 건축한다고 자처해 온 조경landscape architecture의 이론과 실천에 어떤 영향을 미치고, 어떤 변화를 가져올 것인가?

조경 동네의 거주자 다수는 이 문제에 대해 지극히 방어적인 반응을 보인다. 건축이 경관을 포섭하고자 하는 시도는 "한계에 달한 건축 시장의 활로 모색을 위해 새로운—또는 전통적인 조경의—영역을 넘보는 공세적 마케팅 전략"이라고 반사적 대응을 하는 조경가들을 흔히 목격할 수 있다. 아니면 "포스트모더니즘과 해체주의라는 20세기 후반의 광풍이 지나간 자리에 새로운 이즘이나 신드롬을 대입하지 못한 건축의 신상품에 불과하다"는 평가도 접할 수 있고, "생태 열풍에 따른 그린 비즈니스에 건축이 편승하고 있는 상황"이라는 진단도 들을 수 있다. 이 같은 세 갈래 반응의 이면에는 조경 영토의 축소와 경계의 해체에 대한 우려가 내재해 있다. 조경 고유의 "정체성 콤플렉스"가 동반되어 있음은 물론이다. 위와 같은 진단이 전적으로 잘못된 것은 아니며, 때로는 건축이 랜드스케이프라는 개념을 무분별하게

---

8) "랜드스케이프 건축"이라는 용어는 최근의 몇몇 학위논문에서 등장한 바 있는데, 그 내용을 쉽게 살펴보고자 한다면 다음의 논문들을 참고할 수 있을 것이다. 장은영 · 김광현, "랜드스케이프 건축의 공공성에 관한 연구," 『대한건축학회 학술발표논문집』21(2), 2001 ; 배우영 · 김광현, "랜드스케이프 건축에 나타난 경계의 불확정성에 관한 연구," 『대한건축학회 학술발표논문집』23(2), 2003. 이 경우의 "랜드스케이프 건축"은 영어로 표기하면 조경(landscape architecture)과 다를 바 없지만 "조경"을 의미하지 않는다. 그러므로 랜드스케이프 건축은 landscape architecture를 조경 대신 "조경건축"이나 "경관건축"으로 번역하고 landscape architect를 조경가 대신 조경건축가나 경관건축가로 번역하던—그것이 오역이건 의도적인 번역이건 간에— 건축(학)계의 종전 경향과는 다른 차원의 쟁점이다. 즉 랜드스케이프 건축은 조경을 지칭하는 말이 아니라 "랜드스케이프와 관계 맺는 건축" 또는 "랜드스케이프와 건축이 맺는 관계의 형식"을 가리키기 위한 용어라고 볼 수 있는 것이다. 하지만 이 적극적인 용어의 사례를 정작 영어권이나 유럽에서는 볼 수 없다는 점에서 다소 지나친 작명이라고 판단된다. 또한 제임스 코너(James Corner)나 아드리안 구즈(Adriaan Geuze)와 같은 조경가를 "랜드스케이프 건축가"라고 잘못 지칭하는 경우도 발견되는데, 이는 랜드스케이프 건축과 조경을 다른 것으로 파악하고자 하지만 결국은 혼동하고 있는 모순을 보여주는 예라고 할 수 있다.

남용하고 있는 것 또한 사실이다. 하지만 조경 영역의 위축만을 걱정하는 수세적 입장은 건축이 랜드스케이프와 교섭하는 양상의 보다 근본적인 이유를 읽지 못하게 가로막는다.

"건축의 조경화"를 이끌고 있는 가장 큰 동력은 건축—더 정확히 말하자면, 근대 건축—의 한계에 대한 반성이다. "구축물과 그것이 놓여지게 되는 배경으로서의 장소 혹은 대지,"[9] 즉 건축 대 경관이라는 이분법 속에서 근대 건축은 독자적인 오브제로서의 건축을 만들어 내고자 했다.[10] 건축이란 통제 불가능한 자연과는 달리 변하지 않는 하나의 자기 완결적 오브제여야 한다는 근대 건축의 강령이 비판받기 시작한지는 이미 오래다. 근대 건축의 가장 큰 한계 중 하나는 바로 변화에 대한 외면이다. 삶이란 결국 변화하는 과정의 동의어인데, 삶을 담는 건축은 애써 변화를 거부해 온 것이다. 최근의 건축이 랜드스케이프—또는 경관—를 반성과 탈주의 파트너로 지목하고 있는 이유가 여기에 있다. 경관—또는 랜드스케이프—은 변화하기 때문이다. 랜드스케이프는, 비록 그것이 눈에 보이는 대지와 사물의 외피에 불과하다 하더라도, 늘 변한다. 시간에 따라, 계절에 따라, 긴 세월에 따라 변한다. 또한 건축이 랜드스케이프를 근대 건축 극복의 발판으로 삼는 것은 landscape 개념 자체가 지니고 있는 수평성horizontality이 현대 도시의 수평적 확산과 발달에 잘 대응된다는 이유 때문이기도 하다.

물론 건축과 경관의 밀월이 모더니즘 건축에서도 없었던 것은 아니다. 르 꼬르뷔지에나 프랭크 로이드 라이트 같은 거장들도 자연과 경관을 자신의 건축과 소

---

9) 김종규, "랜드스페이스," 『조경과 비평: Locus2』(서울: 도서출판 조경문화, 2000), p.70.

10) 건축-경관 이원론은 서구 근대 정신의 산물인 주체-객체 이원론의 부분집합이다. 이 모더니티의 이원론은 문화-자연, 이성-감성, 도시-농촌, 남성-여성 등과 같은 이분법을 낳았다. 건축과 조경이 새롭게 관계 맺고 있는 최근의 양상은 넓게 보면 모더니티로부터의 탈주라고 볼 수 있을 것이다. 이에 관한 보다 상세한 논의는 졸저 『현대 조경 설계의 이론과 쟁점』(성남: 도서출판 조경, 2004)의 08장 "조경과 건축의 화해"에서 참조할 수 있다.

통시키는 여러 가지 구상을 했다는 점은 널리 알려진 사실이다. 그러나 그러한 경우의 경관은 독자적인 오브제인 건축의 배경 그림 역할이었다. 조경은 그 같은 "타자로서의 경관"의 충실한 생산자였고, 지금도 그 구도는 크게 달라지지 않았다. 여전히 조경의 경관은 회화적이고 정태적이며 시각의 즐거움을 위한 포장인 경우가 많다. 픽춰레스크의 낭만에 젖어있는 경우가 많다. 동시대 건축이 landscape에 경관 대신 랜드스케이프를 대입하고자 하는 것은 경관을 녹색으로 화장해 온 조경에 대한 불신 때문일 것이다.

06

"건축의 조경화"에 대한, 변화하고 있는 건축과 조경의 관계에 대한 조경 이론과 실천의 대응은 너무 소극적이다. 건축이 조경 고유의 영역인 경관을 침범하고 있다는 식으로 반응하는 것은 콤플렉스에 불과하다. 그것은 조경가 스스로가 건축-조경 이원 구도를 고집하는 역설일 뿐이다. 종래의 경계에 집착하거나 수성에 급급한 방어적 태도는 조경의 입지를 오히려 위축시킬 것이다. 〈딸기가 좋아〉와 같은 "랜드스크레이퍼"에서 조경가가 할 수 있는 일은 결국 잔디와 수목에 대한 컨설팅 정도일 뿐인가?

영토의 붕괴와 영역의 교배는 문화 전반의 차원에서 진행되고 있다. 문학의 탈장르화, 음악의 크로스오버, 음식의 퓨전, 지식의 하이브리드는 이미 익숙한 주제다. "21세기, 새로운 도전과 기회의 시대이다. 조경가 또한 자유로울 수 없다. '환경'과 '정보'라는 화두는 이미 여러 양상으로 조경의 변신을 요청하고 있다. 끝없이 번져가는 환경 열풍, 생각의 속도보다 더 빠르게 발전하는 디지털 테크놀러지, 전통적 영역의 확장과 그 경계의 붕괴… 등은 '조경' 개념의 재정의라는 과제를 우리 앞에 던질지도 모른다. 아니 어쩌면 해체된 조경의 흔적 위에 신조어로 포장된 새로운 전문업이 세워질지도 모른다."[11]

그림13.
James Corner/Field Operations, *Agri-Tecture*, the Winning Proposal for the High Line Open Space Design Competition, New York, USA(© Field Operations)

최근 뉴욕에서는 운행이 중단된 고가 철로 하이 라인High Line을 다층적 경관과 복합적 오픈 스페이스로 전환하는 설계경기가 열렸다.[12] 이런 유형의 프로젝트는 건축가의 일인가, 조경가의 일인가. 공교롭게도 결선에 오른 네 팀의 리더는 당대의 건축가와 조경가가 둘씩이었다. 조경가 제임스 코너James Corner가 주도한 팀의 출품작(그림13)이 당선되었지만, 그렇다고 해서 복잡한 도시적 상황과 경관의 문제를 해결하는 그러한 "랜드스케이프 어바니즘landscape urbanism"[13] 프로젝트가 항상 조경

11) 『조경과 비평: Locus2』(서울: 도서출판 조경문화, 2000)의 편집 서문 중.
12) 하이라인에 관한 자세한 정보는 정욱주, "AGRI-TECTURE: 하이라인 오픈 스페이스 설계경기," 『환경과 조경』 2005년 5월호, pp.122-128과 www.thehighline.org를 참조할 수 있다.

가의 몫이라는 논리는 성립되지 않는다.

경관이, 랜드스케이프가 어느 분야의 대상인가 하는 문제보다 중요한 것은 경관이라는, 랜드스케이프라는 매개 장치를 통해 우리의 도시가 어떻게 발전할 수 있는가에 대한 구체적 전략을 제시하고 실천하는 일이다. 조경에 있어서 그 출발점은 "경관의 재발견"에 있다. "건축이 조경화"되는 조건 속에서 조경이 종래의 경관관을 고수하며 안주한다면, 조경은 화장술의 굴레 속으로 더 깊이 빠져들고 말지도 모른다.

13) 최근 조경 분야를 중심으로 대안적으로 대두되고 있는 "랜드스케이프 어바니즘"은 "경관을 종래의 회화적 · 양식적 관점에서 벗어나 도시의 인프라스트럭처로 이해하고자" 한다. 이 글의 범위를 벗어나는 이에 관한 상세한 논의는 다음에서 찾아볼 수 있다. 졸저 『현대 조경설계의 이론과 쟁점』의 09장 "랜드스케이프 어바니즘: 건축 · 도시 · 조경의 하이브리드"와 James Corner, "Landscape Urbanism," in *Landscape Urbanism: A Manual for the Machinic Landscape*, eds. Mohsen Mostafavi & Ciro Najle(London: AA Publication, 2003), pp.58-63

09 진부한 여전한 답답한, 전통

남 기 준_환경과조경 출판사업부

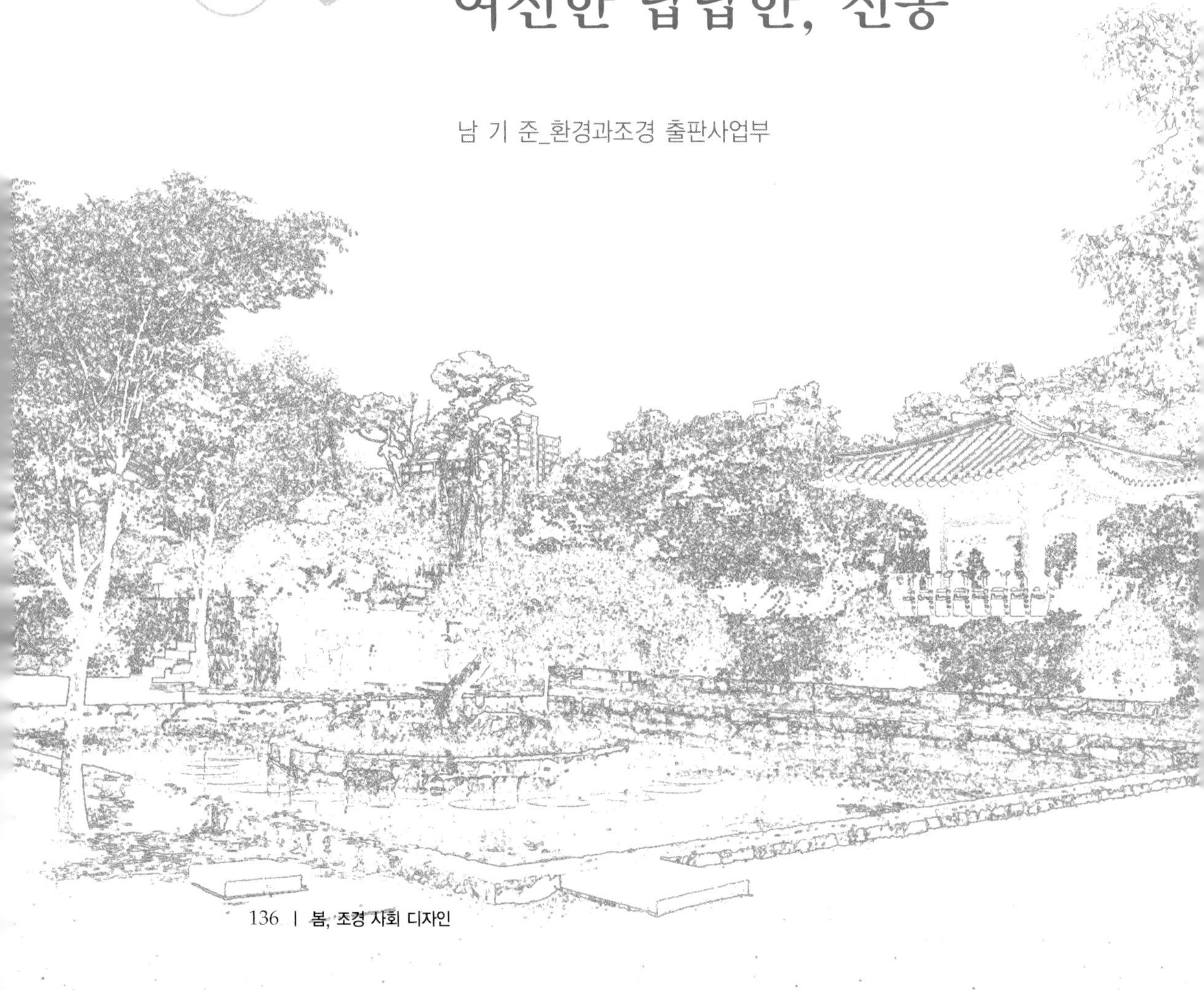

전통을 이야기하는 이유

전통은 고정되어 있는 것인가, 전통의 본질은 무엇인가에 대한 원론적 논의부터, 전통의 현대적 계승, 재현, 모사, 모방, 변용 등등을 둘러싼 논란은 여전히 정답 없는 문제지로 우리 앞에 놓여 있다. 그래도 끊임없이 진행된 전통에 관한 논의 덕분에 이제는 직설적으로 외형만 본따 만드는 것이 전통의 계승이라는 목소리들은 수그러들었지만, 문제는 여전하다는 것이다. 바로 지난달에 완공된 조경공간 내에도 외형만을 빌려다 설계하고 시공한 정자며 방지며 원도며 담장이 곳곳에 포진해 있다. "눈에 보이는 고정적인 형태주의 위주의 전통만이 아니라 그 이면에 숨어있는 눈에 안보이는 질서와 고유의 세계관의 발견이 보다 기름진 전통계승과 창조의 텃밭 역할을 할 수 있을 것"[1]이라는 인식은 활자 속에만 존재할 뿐이다.

전통 전문가들은 답답하단다; 돌을 눕히거나 세워서 쌓는 들어쌓기 양식은 일본의 조경양식인데 마치 우리의 전통양식인 양 전통공간 내에도 무분별하게 도입되고 있고, 방지 내에 원도를 배치하고는 분수를 설치하는 경우는 또 어느 나라 스타일이냐며 한탄한다. 자신 있게 복원할 수 없다면 유적지는 차라리 그대로 두고, 제대로 모방하지 않을 바에야 후손들 혼동하지 않게 전통 요소를 도입하지 말란다.

실무자들도 답답하단다; 어디 우리나라 상황이 글줄이나 읊어대는 사람들이 말하는 것처럼 예산이며, 시간이 여유 있는 줄 아냐고 한다. 무엇보다 발주처나 예상 이용자들이 전통요소의 도입을 선호하는데, 어쩌란 말이냐고 한다.

전통 관련 논의는 진부하고, 전통은 여전히 그 일부분 혹은 한두 가지 요소만이 도입되고 있고, 현실은 너무도 견고해 보이지만, '그래도' 전통은 방학숙제처럼 마냥

---

1) 김한배, 한국조경의 전통과 설계적 상상력, 월간『환경과 조경』1997년 6월호, p.103.

미뤄둘 수 있는 성질의 것이 아니다.

몇 가지 양상

현대조경공간에 전통을 도입하는 방식은, 크게 세 가지 양상으로 나타나고 있는 것으로 보인다. 하나는 대상지 전체가 아예 조성의 목적을 전통정원의 재현에 두고 있는 경우이다. 희원이나 해외에 조성되고 있는 한국전통정원이 이에 해당한다. 두 번째는 전체 대상지 중 타 공간과 확연히 구분되는 특정 공간만을 전통정원으로 꾸미는 경우이다. 여의도공원 내의 한국전통의 숲, 일산 호수공원 내의 전통정원, 경주 안압지의 축조 양식을 도입한 분당 중앙공원 내의 분당호 주변 등이 그 예가 된다. 마지막으로는 특별한 공간분할 장치 없이 타 공간과 혼재된 곳에 전통조경의

『환경과 조경』 WORKS 코너에서 볼 수 있는 작품들. 담장이며, 방지, 정자, 초정 등 전통조경 요소들은 현대조경공간의 곳곳에 포진해있다

일부 요소가 도입된 경우이다. 선유도공원의 선유정을 비롯, 무수히 많은 사례를 쉽게 접할 수 있다.

전통은 마법사 혹은 감초?

어떤 이에게 전통은 평생 지고가야 할 화두일 것이다. 그러나 또 다른 이에게는 그저 단기간에 풀어내야 할 하나의 숙제일 뿐일 수도 있다.

무수히 많은 조경공간에 전통조경 요소들이 도입되고 있는 것은 그만큼 사람들이 전통을 어떤 이유에서건 선호한다는 방증이다. 그런데 여기에는 두 가지 층위가 있을 수 있다. 하나는 개인적 기호에 따라 전통정원의 조성원리나 철학, 문양 혹은 담장이며 정자 등등을 좋아하는 것이다. 가치관이나 태도 이전에 취향의 수준에서 좋아하는 경우가 허다하니, 일일이 시비를 걸기 어렵다. 상당수는 이용자이며, 조성 관계자도 포함될 수 있다. 음식점 주변 조경을 비롯 민간부뮤에서 조성한 조경공간에 만연되어 있는 무국적의 향토적 소재와 일본식 정원양식 등의 조합 사례가 해당된다. 공원 내의 한켠에, 아파트 단지 내의 일부에 전통적인 요소가 있어야 한다는 일반의 목소리가 광범위해진 요인으로 추정해 볼 수도 있다. 다만 비전문가들이 다수이다 보니, 올바른 전통 운운하며 책임감을 기대하는 것은 쉽지 않다. 두 번째 경우는, 좋아하는데 왜 좋아하느냐 하면 그저 그만하기 때문이다. 마땅한 디자인 대안이 없을 때, 부각시킬 만한 요소가 없을 때 정자나 담장은 나쁘지 않은 대안이고, 전통문양은 전통철학과 결레로 움직이며, 과장해서 말하자면 저절로 설계안을 풀어주는 마법사가 되는 경우도 있다. 현대조경공간에 감초처럼 빠지지 않고 등장하는 전통은 담장 하나, 굴뚝 하나, 혹은 방지와 거기에 발 담그고 있는 정자나, 방지와 그 속의 방도 혹은 원도처럼 전통조경공간을 구성하고 있는 일부분이거나, 소쇄원이나 창덕궁 후원에 연출된 한 장면인 경우가 수다하다. 활자 속의 전통은 화두인 양 다양한 수식이 앞서거니 뒤서거니 따라 붙고 있지만, 실제 조경

공간에 조성되는 전통공간이나 도입되는 전통요소 중 적지 않은 경우는 감초, 그 이상도 그 이하도 아니다.

홍형순 · 이유경 · 김도경은 이처럼 전통조경요소가 현대조경공간 내에 변용되어 적용된 경향을 '전통조경요소의 키치적 변용' 으로 파악, 그 구체적인 사례를 '부적절 · 부적합의 요소, 축적 · 과잉의 요소, 상투적 쾌적함 · 향수의 요소, 과장의 요소, 유희적 요소, 모자이크 문화 요소' 로 구분하여 고찰한 바 있다. "전통조경요소의 키치적 변용은 전문가의 설계과정을 통한 경우도 일부 있었으며 사업주나 관리주체에 의해 즉흥적으로 만들어진 경우도 있음을 볼 수 있었다. 특히 중요한 사적지 등과 면하여 조성된 키치적 사례는 '가짜' 의 전통을 제공함으로서 일반인들이 전통을 이해하는데 있어 커다란 오류를 제공할 수도 있다는 문제를 지적할 수도 있었다. 또 전통조경요소들의 키치적 변용에 대해 생산자(설계자 혹은 조성주체)와 소비자(일반시민) 모두가 무감각하게 받아들이고 있으며, 이는 무의식중에 우리 주변의 전통요소들을 키치화하고 경험하려는 태도에 익숙해있음을 보여준다."[2)]

뻔하지만 무시할 수 없는 이유들

많은 사람들이 좋아한다는 이유만으로 전통을 화두로 삼을 수는 없는 노릇이다. 그렇지만 많은 사람들이 관심을 갖고 있는 만큼 조목조목 짚어볼 필요가 있다. 더구나 그것이 다른 것도 아니고 전통이라면, 감초처럼 취급해서는 안될 것이다. 어느 분야에나 어느 시기에나 어느 나라에나 전통에는 발전의 동인으로 활용할만한 가치와 의미가 잠재되어 있기 때문이다. 또 극복의 대상도 결과적으로는 진보에 일조

2) 홍형순 · 이유경 · 김도경, 전통조경요소의 키치적 변용과 그 양상, 『한국정원학회지』 Vol. 20, No.4(2002년 12월), p.78.

하는 셈이고, 모방의 대상은 궁극적으로 발전을 견인한다는 점 역시 간과해서는 안 된다. 문화의 지속성 측면에서도 우리의 우수한 문화를 그대로 보존하는 것을 넘어 창조적으로 계승 발전시키는 것은 해당 분야의 발전은 물론이고 문화적으로도 중요한 일이 아닐 수 없다.

이유 하나; 현실적으로 해외에 조성되는 한국전통정원은 한국적인 것 혹은 한국문화를 알리는 실질적인 역할을 한다. 그러나 전통의 현대적 계승과 재현에 대한 나름의 해답이 준비되어 있지 않다면, 한국전통정원은 오히려 한국적인 것을 오독케 하는 국적불명의 것이 되기 십상이다. 그나마 해외에 건설되는 전통정원은 그 조성 목적이 분명하기 때문에 차라리 일정 수준 이상으로 전통의 재현이 이루어지고 있으니 논외로 하더라도, 전통조경공간을 표방하지 않고 있는 곳에서 전통을 그저 공간 때우기 식의 요소로 도입하는 것은 짚어보아야 할 문제가 아닐 수 없다.

이유 둘; 이제 수도권에 남아 있는 대규모 공원부지는 용산 미군기지 정도이다. 민간부문은 몰라도 공공부문에서 조경의 새로운 일감은 옥상녹화나 쌈지공원, 소규모 비오톱조성처럼 점적인 공간조성이나 시설이전적지 혹은 기존 공원의 리노베이션에서 찾아야 할 때가 다가오고 있다. 기존의 수많은 공원에 조성되어 있는 전통조경공간에 대한 면밀한 검토가 필요한 이유이다.

이유 셋; 또 공원 같은 아파트라는 건설사의 마케팅 구호에 힘입어 그 일감이 줄지 않고 있는 아파트조경이나 소규모 도심 휴게공간에 도입되고 있는 전통요소는 그 재현의 수준과 정도가 천차만별이다. 지극히 모던한 느낌으로 조성된 공간에도 버젓이 정자며 담장이 한자리 차지하고 앉는 경우가 다반사다. 기실 우리의 전통조경은 그 대다수가 주거공간과 밀접한 관련이 있었다. 전통을 하나의 오브제로, 디자인 모티브로, 패턴으로 활용하는데 골몰하기 보다, 선조들이 구현했던 전통정원의 멋을 오늘날의 대표적인 주거공간인 아파트 외부공간에 구현키 위한 새

로운 시도와 노력이 요구된다.

그들의 요구?

질문 하나 던져보자. '왜 현대에 전통정원양식을 도입한 공간이 대규모 공원을 비롯 아파트단지 내에까지 조성되고 있는 것일까?' 우선 이용자라는 불특정 다수의 바람을 꼽을 수 있을 것이다. 때로는 소수인 발주처의 의지가 다수인 이용자의 요구처럼 포장되어 설계자에게 전달되는 경우도 있지만, 실제로 공공공간인 경우, 대상지 주변에 거주하는 주민들을 대상으로 설문조사[3]를 실시할 경우, 상당수의 이용 예상자들이 전통 요소에 대한 호감을 나타내는 경우를 어렵지 않게 접할 수 있다. 또, 대표적인 공공공간인 공원은 공원의 특성에 따라 이 공원 저 공원 순례하며

선유정, 마로니에공원, 고속도로 휴게소, 아파트 외부공간. 마로니에공원이며 휴게소의 경우처럼 전통요소를 하나의 디자인 요소로 활용하는 것도, 만약 보기에 나쁘지 않다면 괜찮은 것일까?

이용하는 사람들 보다는 인근 주민들이 빈번하게 이용하기 마련이다. 그러니 지역마다 하나씩 있는 공원에 특정 형태의 공원만 있는 것 보다는, 아이들 놀이터부터 청소년들을 위한 운동공간이며, 청춘들을 위한 데이트코스 내지는 장년층을 위한 휴게공간 등등이 복합적으로 조성되는 것이 필요하다는 주장도 제기된다. 여의도 공원에 자연생태의 숲, 문화의 마당, 잔디마당, 한국전통의 숲이 조성된 것처럼 말이다. 아파트 역시 마찬가지다. 게다가 정자 하나쯤 들어가 있어야 '거 참 보기 좋다' 고 입주자들이 말하는데 디자인 요소의 통일을 구현하는 것만이 능사겠냐는 볼멘소리도 들려온다. 더구나 아파트단지 내 조경공간은 대부분 특정 이용자가 장기간 이용하는 공간이다 보니, 그런 특수성 때문에라도 다양한 요소들의 짬뽕은 필요악 이상의 의미가 있다고 한다. 그리고, 전통문화를 일상생활 속에서 쉽게 접할 수 있는 공간 조성이 필요하다는 의견도 존재한다. 전통의 대중화쯤 되겠다.

전통도입을 고민할 때, 무시할 수 없는 것 중 하나는, 바로 이 대중이라는 보이지는 않지만 강력한 실체의 요구를 어떻게 처리해야 할 것인가이다. 사실 이해관계자가 얽혀있는 프로젝트인 경우, 여러 사람들의 요구를 모두 수용해야 하는 현실적 어려움은 있겠지만, 그런 다양한 공간의 공존이 현시기의 바람직한 공원 모델인가에는 많은 이견이 존재하고 있다. 이 공원 저 공원 순례하는 이용자들은 적겠지만, 모든 공원 이용자들이 평균적인 공원 체험만을 원하는 것도 아니기 때문이다. 이와 관련해서는 접근성이 그다지 좋지 않은 선유도공원의 높은 이용률과 이용자들의 자발적인 다양한 이용행태가 시사하는 바를 주목해야 할 것이다.

3) 최기수, 전통조경의 현대적 재현에 관한 연구: 서울시 소재 마을마당에 조성된 정자를 대상으로, 『한국정원학회지』 Vol. 21, No.3(2003년 9월), p.3 참조

여의도공원, 일산 호수공원, 서울월드컵경기장, 분당 중앙공원 내의 전통조경공간. 이중 월드컵경기장은 월드컵 당시 방한한 외국인들을 염두에 두고 전통공간을 조성한 것으로 보이나, 좁은 면적에 너무 많은 요소가 도입되어 있어, 전통조경요소가 외국인들에게 하나의 이색적인 오브제 이상의 의미를 주었을지는 의문이다.

원칙주의와 실용주의

"요즈음 우리 주위에서 흔히 발견되는 조형 양식은 일본적인 것—자연석을 불균형적으로 쌓고 그 사이사이에 꽃나무를 심는 양식—인데도 그 사실을 아는 이가 적다. 그러니 건물 주위고 길 주변이고 전부 이런 식으로 장식해 놓는다. 또 나무를 전지가위로 예쁘게 자르는 것도 우리 전통적인 조형 양식에는 없다. 자연을 있는 그대로 놓고 보기를 좋아하는 우리 조상들이 이런 걸 알면 경망스럽다고 경을 칠 게 분명하다."[4)]

이와 같은 맥락에서 경주 안압지에 누가 분수를 설치하고자 한다면, 당장 경을 칠일이라며 문화재전문가부터 일반시민까지 각종 매스컴에 연일 이래서는 안된다는 의견이 오르내릴 것이다. 그런데, 경주 안압지를 재현해 놓은 분당 중앙공원의 분당호 내에 이미 설치되어 있는 분수를 가동시키지 않는다면, 관리사무소 전화기에 불이 날 지는 몰라도, 최소한 일반 시민들은 분수를 설치한 것에 대해서는 침묵할 것이다. 이른바 양식 있는 대중들도, 무더운 여름철 더할 나위 없이 청량감을 주는 요소로 분수를 만끽할 가능성이 높다. 왜냐하면, 분당 중앙공원은 현대에 조성된 공원이지, 우리가 아끼고 보존해야 할 유적지가 아니기 때문이다. 보존에 초점이 맞추어진 유적지와 이용을 전제로 조성된 공원의 차이는 실로 크다. 당연히 접근방식도 다를 수밖에 없고, 적용하는 원칙도 같을 수 없다. 분수와 마찬가지로 창덕궁 후원에 있는 나무를 가지치기 한다면 우리 전통 양식이 그런게 아니라는 지적이 단박에 날아들겠지만, 공원에 있는 나무를 가지치기 한다면 보기 좋다는 의견이 지배적일 것이다.

현실적으로 유적지와 공원에 똑같은 잣대를 들이대기는 어렵다. 하지만, 일

올림픽공원, 분당 중앙공원 내의 물레방아와 서울역 내에 설치된 물레방아를 모티브로 한 조형물

---

4) 최준식, 『한국미, 그 자유분방함의 미학』, 효형출판, 2000, p.257.

반 시민들이 공원에 여러 요소가 혼합되든 말든 쾌적하고 이용하기 편리한 데만 관심을 갖는 것과 현대조경공간에 전통요소를 도입하는 사람들의 입장은 마땅히 달라야 할 것이다. 기왕 재현할 바에야 온전히 전통적인 공간구성방식이며 요소를 도입해야 한다는 판단도 있을 수 있고, 이용자들의 다채로운 체험요소에 초점을 맞출 수도 있을 것이다. 문제는 제대로 알고 하는 경우와 그렇지 않은 경우의 차이이다. 들여쌓기 양식이 일본 양식인 줄 알면서도 우리의 전통적인 요소를 도입한 공간에 적용했다면, 그것은 또 다른 차원의 논란거리이지만, 정작 그것이 일본양식인 줄 모르고 조성했다면 문제가 아닐 수 없다.

직설적, 창조적

"본 현상설계는 '한국 전통정원의 전부를 이해하고 체험할 수 있는 구상안을 제시할 것' 이라는 어찌 보면 무모하기까지 한 응모지침을 구현해야만 하는 난해한 작업이었다. …중략… 정원의 직설적 재현에 대한 비판적 평가에도 불구하고 본 설계의 중요개념으로 전통정원 형태의 직접적인 모방을 도입할 수밖에 없었던 이유는 응모지침이라는 넘을 수 없는 한계가 있었기 때문이기도 했지만, 인천이 지니는 다양한 문화양상 속에서 우리의 전통을 온전하게 보여주는 것도 가보지 못한 시민들이나 특히 외국인들에게 가치 있는 일이라 생각되었기 때문이다. 대상지의 이질적 경관, 시간과 가치의 혼돈 속에서 직설적 재현이 어설픈 창작 보다는 이용자에게 더 확실한 느낌을 전달할 수 있으리라는 기대를 가진다."[5)]

전통을 어떻게든 풀어야할 과제를 안은 설계자의 고심이 고스란히 읽히는 대목이다. 어설픈 창작 보다 직설적 재현이 어쨌든 이용자에게는 전통공간에 대한 느낌을 더 분명하게 전달할 수 있으리라는 것은, 일견 수긍이 된다.

언젠가 일본전통정원, 중국전통정원이 미국이나 유럽 등지에서 개최되는 정원박람회에 빈번하게 출품되거나 개인주택정원에도 도입되는 데 비해, 한국전통정원이 해외에서 주목받지 못하는 이유가 가시적인 특징의 부재에 있다면서, 한국전통정원의 대표적 장면을 의도적으로 알릴 필요가 있지 않느냐는 의견을 접한 적이 있었다.

한국전통조경의 핵심이 정자와 방지 등이 연출하는 형태적 아름다움에 있지 않음은 잘 알려져 있다. 문제는 정원에 담겨있는 멋과 풍류와 철학과 사상은 비가시적이라는 점이다. 희원을 설계한 정영선 대표는 "정원을 어떻게 만들 것인가에 대한 고민 이전에 우선 이 땅은 얼마나 아름다운 곳이며, 어떤 잠재력이 있고, 옛 선비들이 향리를 낙원으로 삼듯 왜 이곳에 미술관을 지어서 낙원으로 삼고자 하였는가"[6]를 고심하고 주어진 땅과 이 땅을 택한 원인을 여러모로 찾아보는 일로부터 설계를 시작하였다고 한다. 그러나 희원을 전통조경요소의 집합장으로 보는 견해가 꽤 있다. 왜 그럴까? 보는 눈이 없어서이기도 하고, 보이는 것만 보고자 했기 때문일 수도 있지만, 공간을 읽고 엮고 짜나가는 과정은 결과적으로 보이지 않기 때문일 수도 있다.

한편, 최신의 현대적인 재료와 디자인 요소를 동원하되, 전통정원의 핵심요소로 일컬어지는 자연에의 순응과 조화의 원리를 기가 막히게 적용한다면, 이는 전통의 현대적 계승일까? 현실적으로 그보다는 어설프나마 정자 하나 들여 놓는게 더 전통적으로 느껴지지는 않을까? 인용문의 설계자가 언급한 바와 같이 "직설적 재현은 단지 전통요소의 모방으로, 창조적 가치를 추구하는 설계라는 창작행위에 필요악"이다. 그런데 필요악인 뿐일 것일까?

5) 장종수 · 임의제 · 이준복, 인천 월미공원 조경설계, 『한국정원학회지』 Vol. 21, No.2(2003년 6월), pp.74-75.
6) 한용 외, 『하늘과 맞닿은 아름다움, 희원』, 삼성문화재단, 2004.

희원, 뜨거운 감자

조경분야에서 전통을 언급할 때, 그것이 계승이든 재현이든 모사든, 빠지지 않고 등장하는 곳이 희원이다. 일단은 해외에 조성된 한국정원을 제외할 경우, 희원만큼 전면적으로 전통정원을 조성한 사례도 드물거니와, 공들여 재현한 곳 또한 흔치 않기 때문이다. 어쩌면 희원과 같은 프로젝트를 다룰 수 있는 기회 혹은 희원과 같은 클라이언트를 만날 수 있는 기회가 흔치 않은 것일 수도 있다. 어쨌든 희원은 다분히 예외적인 존재이다. 그래서 남은 지면에서는 희원을 통해 생각해볼 만한 꺼리들을 살펴보고자 한다.

우선, 희원에 대한 긍정적 시선들을 살펴보자. 조요한은 희원이 '어느 정도' 전통을 계승했다고 볼 수 있다며, 그 이유로 "첫째, 차경의 원리에 따라 앞과 뒷산을 전망할 수 있게 했고, 둘째, 호암정에서 발원하여 방지를 지나 소지로 흐르는 계류가 자연스럽고, 셋째, 후원에 화강암 장대석으로 긴 화계를 쌓고 그 위에 돌담을 둘러 장독대 등 아늑한 공간을 마련"한[7] 점을 꼽았다. 또 전통정원 다큐멘터리를 방영한 대구MBC의 제작진은 희원을 "자연에 대한 순응과 조화를 기본으로 하는 우리의 전통 조경 양식이 그대로 재현되어" 있는 곳이라고 소개[8]하기도 했다. 어쨌든 현재까지 희원만큼 전통조경을 일정 수준 이상으로 재현해낸 곳은 없는 것으로 보인다.

그러나 희원에 대한 평가가 긍정적인 것만은 아니다. 비판적 시각들은 주로 근원적인 것에 초점이 맞춰져 있는 것으로 보이는데, 크게 세 가지로 나누어 살펴볼 수 있다. 우선 희원이 과연 전통정원일 수 있는가 하는 본원적 물음이 그 하나다. 희원은 시기적으로 현대에 조성되었지만, 그 담고 있는 내용은 전통과 관련된 것 일색이다. 희원의 정체성에 대한 논란이 시작되는 지점이다. 과연, 희원은 전통정원인가? 현대정원인가?[9] 또한 이 물음은 '왜 현대에 전통정원을 조성해야 하는 것일까' 로 이어진다. 차경과 같은 조성원리를 바탕으로 조성되었지만, 그보다는 전통요소의 집합장이라는 인상이 강해 보이는데, 과연 전통요소를 현대에 한 곳에 모아 조성하는 것이 무슨 의미인가 하는 것이다.[10] 마지막으로는 희원 내의 어떤 특정 공간이 아쉽다는 지적들인데, 이 글의 지향이 희원에 대한 개별 작품비평에 있지 않은 만큼, 이에 대한 상론은 피한다.

희원이 정원인데다가 "개인의 취향이 물씬 풍겨나는 극히 사적인 공간"[11]임을 감안, "조경작품으로서의 일반성 또는 보편성을 들먹일 수 없다"는 지적은 일정 부분 일리가 있다. 다만, 희원이 한국현대조경사(라는 것이 있다면)에서 차지하는 위치를 고려했을 때, 더군다나 조경분야는 물론이고 일반에 미치는 영향을 감안했을 때, 전통재현의 문제를 거론할 여지는 충분하다고 생각된다. 또한 논의의 지향점이 전통 그 자체가 아니라 전통의 계승 혹은 재현에 있다면, 희원을 제외할 이유가 없을 것이다. 더구나 희원은 완전히 사적인 정원이 아니고 일반에게 전면 공개된 미술관의 정원이니, 문하적인 측면에서도 접근이 가능하다. 하지만, 현실적으로 공공미술관도 아니고 민간이 운영하는 미술관의 정원을 놓고, 왜 전통조경요소들로 꾸몄느냐고 묻는 것은 메아리 없는 외침이 되기 쉽다. 그보다는 만들어진 결과를 놓고, 조경계에 혹은 우리 문화에 미칠 영향을 따져보는 편이 실익이 있을 것이다. 우선 생각할 수 있는 긍정적인 기능은, 조요한의 지적대로 "옛 궁전 정원에서만이 아

---

7) 조요한, 『한국미의 조명』, 열화당, 1999, pp.292-295.

8) 대구 MBC 엮음, 『안압지, 우리 정원의 원류를 찾아서』, 도서출판 이른 아침, 2004, p.181. 그런데 이 책의 182쪽과 183쪽을 보면, 정영선 소장이 희원의 운영자로 소개되어 있다. 어떤 경위로 그렇게 된 것인지는 모르겠지만, 조경설계 서안의 대표인 조경가 정영선은 희원의 운영자가 아니라 희원의 설계자이다.

9) 이와 맥락을 같이하는 의견이 진양교의 '어느 조경디자이너에게 보내는 편지'(『환경과 조경』 2005년 1월호, pp.150-151)에 담겨 있다.

10) 이에 대해 조요한은 "희원은 전통을 계승한 하나의 예일 뿐"이며, "한국정원의 여러 요소들을 박물관식 교육으로 우리에게 보여주고 있을 뿐"이라는 의견을 밝히기도 했다. 조요한, 『한국미의 조명』, 열화당, 1999, p.295.

11) 정기호, 熙園: 호암미술관의 Pleasure Ground 喜園, 궁궐과 불교사원의 세계를 수놓은 곳, 『환경과 조경』 2002년 8월호

한국 현대조경에서 전통 담론의 촉매 역할을 하는 희원

니고 희원에 가서도 십장생도로 장식한 꽃담을 볼 수 있다"는 것은 결과적으로 교육적인 차원에서 의미가 있다는 점이다. 물론 클라이언트의 의도가 교육적 가치의 구현에 있지는 않았겠지만, 교육적 기능도 일정 부분 담당하고 있는 문화예술공간임을 감안할 때, 한국 전통정원의 중요 조성원리와 주요 도입요소들을 한 곳에서 볼 수 있다는 것은 교육적 편리함에 분명 일조할 것이다. 또, 전통재현의 높은 완성도는, 전통의 온전한 재현이 필요한 경우, 하나의 좋은 선례가 될 것이다. 일본식 정원양식이 판을 치는 상황이니 더욱 그러하다.

사실 전통미술을 다루는 미술관이라고 해서 반드시 전통조경공간과 똑같은 소재들이 똑같은 형태로 도입될 필요는 없을 것이다. "공공시설의 정원을 만들 때에는 전통정원의 현대적 해석을 통하여 좀더 창조적인 정원이 조성되었으면 좋겠다"[12]는 바람은 무엇 때문에 생기게 되었을까? 지금의 우리에게 절실히 필요한 작업은 전통정원을 제대로 재현한 곳을 곳곳에 조성하는 것일까? 기존의 전통조경공간을 온전하게 보존하여 후세에 물려주는 것일까?

앞에서도 잠깐 언급한 바와 같이, 희원처럼 전통정원의 재현을 목적으로 해외에 조성되고 있는 한국전통정원은 한국을 평생동안 한 번도 방문해볼 가능성이

적은 외국인들에게 한국전통문화를 알리는 역할을 할 수 있다. 즉, 현대에 조성되는 전통정원은 전통문화를 손쉽게 널리 알리는 역할을 할 수 있다. 그러나 그 재현의 방식이 온전한 재현 혹은 직설적 재현뿐일까? 다소 무책임하게 들릴 수도 있겠지만, 일단 희원의 조경사적 가치는 여기에 있다고 생각한다. 전통에 대한, 전통의 재현에 대한 근원적 질문을 끊임없이 생산해내고, 자극시키는 것.[13] 희원은 한국 현대조경에 있어서 전통 담론의 촉매다.

다시 맴도는 질문들

언제부터인가 사회의 양극화 현상과 비슷한 경향이 조경계에도 조금씩 감지되고 있다. 전통의 예만 들어도, 한쪽에서는 아예 전통의 재현을 목표로 하는 프로젝트에는 접근방법에서부터 다양한 고민의 흔적들을 보여주는가 하면, 전통이 테마가 아닌 프로젝트에는 구색맞추기식의 선동 도입이 확실히 지양되고[14] 있지만, 여전히 다른 한 쪽에는 무비판적 직설적 도입으로 밖에 볼 수 없는 결과물들이 넘쳐나고 있다.

희원처럼 담론과 질문을 촉발시켜 보고자, 한국 현대 조경에서 비판적으로 짚어볼만한 키워드 중 전통에 대한 질문을, 스스로에게 우리에게 던져보고자 했다. 이 글의 노림수는 질문의 활발한 생산쯤에 놓여 있다. 진부하고 답답한 정답 없는 문제지 한 장을 더 내민 꼴이 되었지만, 다시 한번 생각할 계기가 되기를 바랄 뿐이다.

---

12) 조요한, 『한국미의 조명』, 열화당, 1999.

13) 이와 관련해서는 이유직의 '희원, 시간을 디자인하다' (『환경과 조경』 2005년 1월호) 참조.

14) "이번 '서울숲 조성' 설계공모에서 생태적인 설계기법들은 좀더 다양해지고 깊이가 있어진 반면, '전통' 이라는 설계언어는 사라지고 있었다". 이상민 · 조정송, 서울숲 조성 설계공모에 대한 비판적 연구, 『한국조경학회지』 Vol.31, No.6, 2004년 2월, p.26.

설계에서 매체 그리고 서울숲

이 상 민_서울대학교 조경학 박사

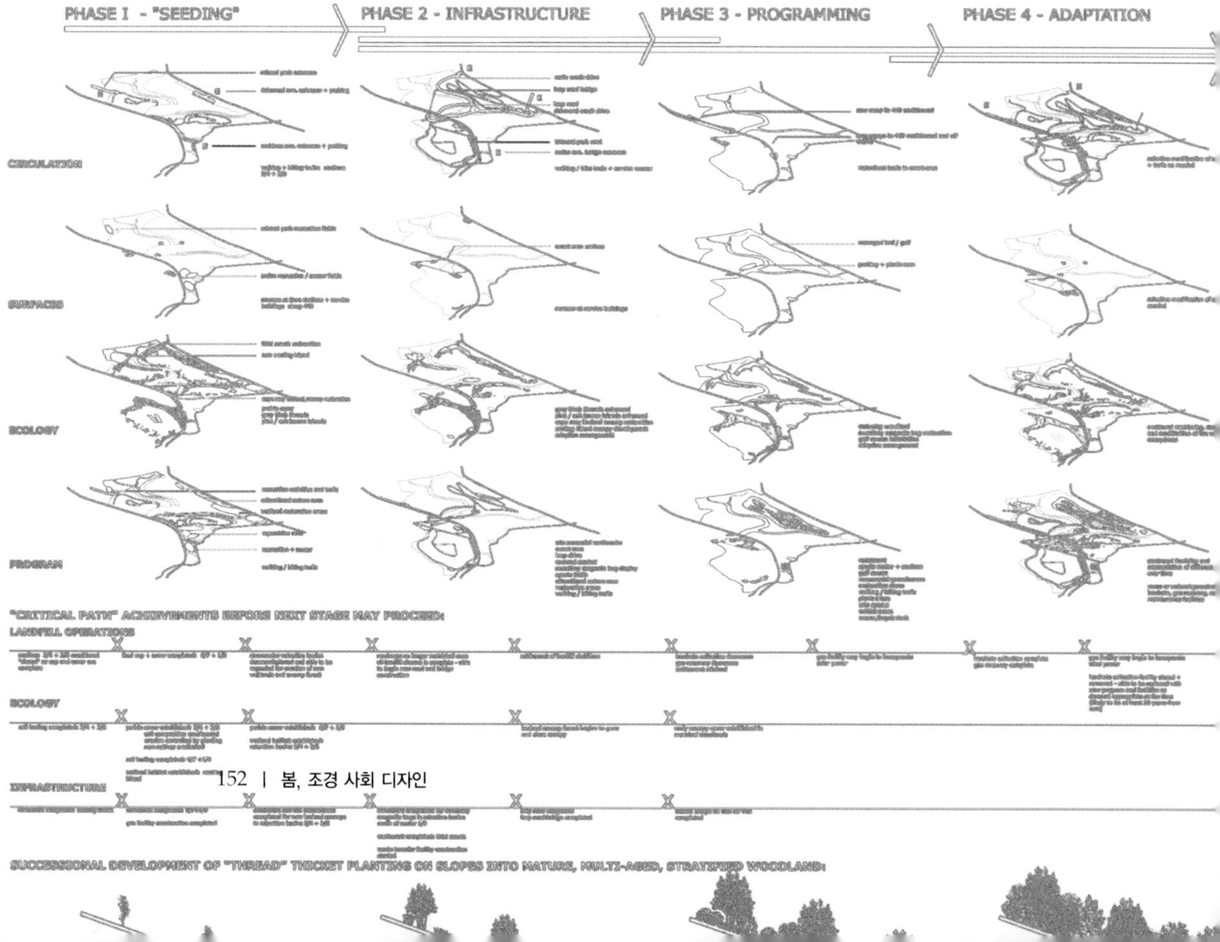

PHASE 1 - "SEEDING"   PHASE 2 - INFRASTRUCTURE   PHASE 3 - PROGRAMMING   PHASE 4 - ADAPTATION

CIRCULATION

SURFACES

ECOLOGY

PROGRAM

"CRITICAL PATH" ACHIEVEMENTS BEFORE NEXT STAGE MAY PROCEED:

LANDFILL OPERATIONS

ECOLOGY

INFRASTRUCTURE

SUCCESSIONAL DEVELOPMENT OF "THREAD" THICKET PLANTING ON SLOPES INTO MATURE, MULTI-AGED, STRATIFIED WOODLAND:

언제부터인가 『환경과 조경』에 실린 설계가 급격하게 변화함을 느꼈다. 최근의 현상설계에 제출된 작품들은 물론이고 각종 학생공모전을 보아도 설계의 프리젠테이션부터 설계 내용까지 이전과 다른 양상으로 나타나고 있다. 아마도 이러한 변화의 가장 큰 원인으로서 설계에서 컴퓨터의 활용 가능성이 확대된 것을 지적할 수 있을 것이다. 설계사무소에서 설계자들이 제도판에 앉아서 손으로 최종설계안을 그리는 작업은 이제 찾아볼 수 없다. 기본적인 디자인을 바탕으로 바로 컴퓨터를 켜고 캐드 프로그램을 실행시켜 설계안을 그리고 디테일한 부분들을 발전시키는 경우가 대부분이다. 이에 더 나아가 설계의 기본 방향이나 컨셉을 구체화시킬 때조차 컴퓨터를 이용하는 것이 현실이다.[1] 그러나 실제로 컴퓨터와 같은 디지털 매체가 설계의 중요한 도구로 자리 잡은 것은 그리 오래 되지 않았다. 조경설계에서 디지털 매체를 적극적으로 이용함으로써 표현 방식에서 나타난 급격한 변화는 〈다운스뷰*Downsview*〉, 〈프레쉬킬스*Freshkills*〉 같은 국제현상설계가 중요한 계기가 되었음을 짐작

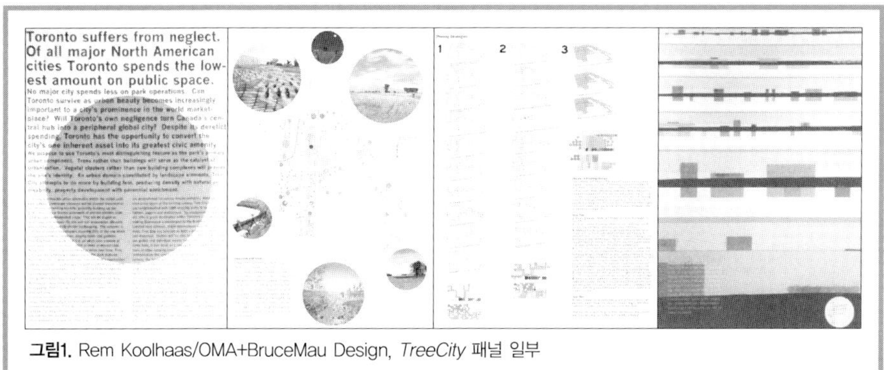

그림1. Rem Koolhaas/OMA+BruceMau Design, *TreeCity* 패널 일부

1) 물론 아직까지 설계가가 부지와 기타 여러 가지 상황들을 종합, 분석하여 트레이싱지 위에 구체적인 안으로 발전시키고 난 후 그것을 컴퓨터로 작업하는 것이 보편적인 설계 과정이다. 하지만 이러한 과정에서도 컴퓨터, 좀더 확대하여 디지털 매체(digital media)가 없어서는 안 될 중요한 도구가 되었다는 것은 부정할 수 없는 현재의 설계상황이다.

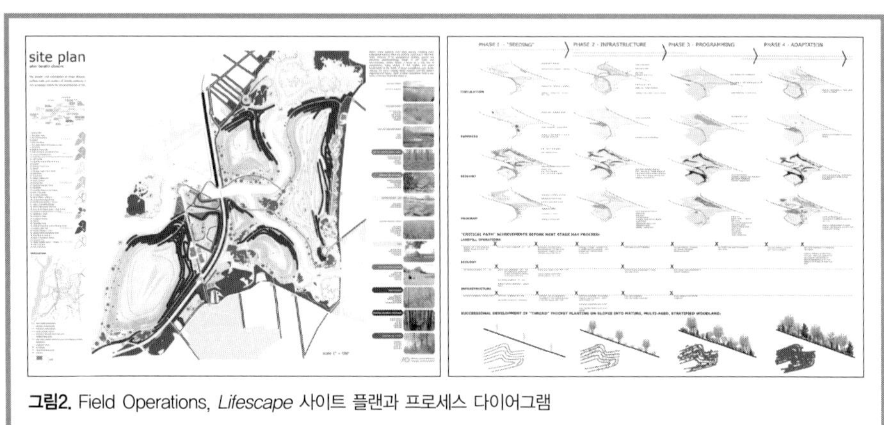

그림2. Field Operations, *Lifescape* 사이트 플랜과 프로세스 다이어그램

해 볼 수 있다. 이러한 변화는 비단 조경에서만 일어나는 현상은 아닌 듯싶다. 변화의 원인 또한 조경 내부에서 비롯된 것도 있지만 그 외 여러 가지 사회 현상들과 관련되어 있다. 그러나 이 글에서 이러한 원인들에 대해 논하려는 것은 아니다. 조금만 주변을 주의깊게 살펴보면 이것들은 쉽게 이해될 것이며, 앞으로 설계에서 매체에 관한 문제들에 대해 집중하여 논의를 계속 발전시키다 보면 결국에는 짚고 넘어가게 될 부분이라 생각된다. 필자는 그보다 먼저 매체, 좀 더 구체적으로 설계에서 매체는 무엇이며 또 어떠한 역할을 하는지, 그리고 실제로 현재 조경설계에서 사용되는 매체는 어떠한지에 관해 살펴보려 한다. 이것이 최근 조경설계와 관련된 여러 논의들을 담론으로서 형성하기 위해 먼저 살펴보아야 될 부분이라 생각하며 필자가 가지고 있는 몇 가지 질문에 나름의 답을 찾아본다.

매체란 무엇인가

다양한 의미로 사용되는 매체media라는 말은 최근 들어 여러 분야에서 자주 사용되고 있다. 일반적으로 매체라 하면 신문이나 잡지, 라디오, 텔레비전 등의 매스커뮤니케이션을 지칭하는 미디어와 혼동하는 경우가 많지만, 사전적으로 매체는 어떤 일이나 작용을 전달하는데 매개가 되는 것을 말한다. 영어의 media라는 단어는 medium의 복수형으로서 라틴어 '중간의'를 나타내는 medius에서 유래되었으며, 매개체 또는 수단으로서 어떤 의사나 사실을 전달하는 도구라고 할 수 있다.[2] 매체란 우리의 감각적 활동이나 사고를 가능하게 하는 '매개'이다. 이렇게 매체를 단순한 매개 수단으로 볼 경우, 매체는 어떤 것을 전달하는 매개이며 아무런 내용이나 의미를 갖지 못하고 단지 전달하는 도구가 된다. 그러나 대표적인 매체론자라 할 수 있는 마샬 맥루한Marshall McLuhan은 매체 자체를 아무런 내용도 갖지 않는 중립적인 도구로 보는 태도야말로 기존의 매체론이 갖는 가장 근본적인 오류라고 지적하였다.[3] 그는 "인간의 확장The Extension of Man"이라는 부제로 발표한 『*Understanding Media*』라는 책에서 "매체는 메시지다Medium is Message"[4] 라는 명제를 내놓았는데, 여기에서 매체란 인간의 신체와 감각들을 확장시키는 모든 테크놀로지를 망라하며, 매체의 '메시지'라는 것은 매체가 인간사에 가져다줄 규모나 속도 또는 유형의 변화라고 밝히고 있다.[5] 그리고 매체에서 가장 근본적인 문제는 매체가 어떻게 사용되는가가 아니라 매체의 형식 자체가 갖는 의미라고 주장한다. 이러한 맥루한의 입장은 매체란 인간이 외부 세계 혹은 그것에 대한 정보를 받아들이는 매개라는 사실을 전제하고 있는데, 이것은 매체의 변화가 우리 인식 체계의 변화와 밀접한 관계를 형성하고 있음을 암시한다고 볼 수 있다. 즉, 서로 다른 매체는 외부 세계 또는 그것의 정보를 전달하는 매개가 서로 다름을 의미하는 것이다. 더욱 중요한 것은 매체가 인식의 매개일 뿐만 아니라 인간 상호간의 의사소통을 맺어주는 매개이기도

---

2) 한국정보통신기술협회편, 『정보통신용어사전』(서울: 두산동아, 2004), p.462.

3) Marshall McLuhan, *Understanding Media: The Extension of Man*(New York: Signe, 1964), p.32.

4) 앞의 책, p.23.

5) 앞의 책, p.24.

하다는 것이다.[6] 이러한 관점에서 보면 모든 매체는 어떤 이미지나 정보를 전달하는 매개이며, 동시에 전달하고자 하는 내용을 매체 자체의 고유한 방식으로 가공하는 특정한 형식과도 밀접한 관계를 갖는다. 같은 정보라 하더라도 텔레비전으로 보는 것과 라디오로 듣는 것, 그리고 신문에서 읽는 것이 다른 것도 바로 매체가 단순한 매개 수단이 아니기 때문이다.

이렇듯 매체는 외부 대상을 인식하는 매개이며, 의사소통의 매개라는 맥루한의 입장을 따른다면 매체의 변화와 발전은 인간의 의사소통 체계의 변화와도 밀접한 관계를 갖는다고 할 수 있을 것이다.

설계 매체란 무엇인가

이와 같은 맥루한의 주장을 전제로 매체라는 개념을 정의한다면 과연 설계에서 매체는 무엇이라 할 수 있을까? 설계가는 자신의 생각을 구체화시키기 위해 또는 다른 사람들에게 전달하고 이해시키기 위해 무언가를 필요로 한다. 그리고 우리는 설계가의 디자인을 이러한 중간 매개물을 통해 전달받게 된다. 또한 설계가는 설계를 실현시키기 위해 다양한 재료들과 그것들의 구성, 그리고 각기 다른 재료들이 가진 물성 등의 조합을 통해 시공하게 되며 결국 우리는 그러한 공간을 경험하게 된다. 설계가가 시공 과정에 직접 관여하기도 하지만 그렇지 못한 경우에는 시공자가 작업하게 되므로 이 경우 설계가는 시공자를 위한 또 다른 매개물, 즉 시공을 위한 도면을 만들게 된다. 이렇듯 설계 과정 속에는 설계가의 생각, 즉 설계(안)을 전달하기 위한 여러 단계의 매개, 매체가 존재함을 알 수 있다.

결국 설계에 있어서 매체라는 것은 설계가의 생각을 형태화시키고 외면으

6) 박영욱, "매체에 대한 인식론적 고찰," 『시대와 철학』14(1), 2003, p.135.

7) 임선영, "맵핑(mapping)의 실험," 『환경과 조경』219호, 2006년 7월호, p.114.

로 드러내는 일종의 드러냄의 도구로서, 이것은 설계가들이 프로젝트를 진행하는 데 있어 표현하는 모든 과정의 기초가 된다고 볼 수 있다. 특히 설계가는 자신이 직접 오브제로서 작업하며 자신의 작업을 실현시켜 나가는 것이 아니라 매체를 통해 자신의 의도를 드러내기 때문에 설계가에게 있어서 매체는 실재와 상상의 매개로서 중요한 역할을 한다. 또한 설계가는 매체를 통해 새로운 아이디어를 창조하기도 하므로 설계의 매체는 단지 디자인 과정 중에서 실재와 이미지를 중재하는 수단일 뿐만 아니라 설계의 직접적인 작업으로 이해해야 한다.[7] 따라서 설계가들은 다양한 설계 매체들 가운데 자신의 생각을 가장 잘 표현해 줄 수 있는 설계 매체를 선호한다. 즉, 설계 매체는 모든 설계가에게 일방적으로 제공되는 것이 아니라 설계가들의 적극적인 참여에 의해 선택되어지는 것이다. 이렇게 선택된 설계 매체들은 설계가의 실천 과정에서 "지식을 전달하는 요인make-aware agents"이라기보다는 "사건을 만드는 동인make-happen agents"으로서 작동한다고 할 수 있다.[8]

실제 설계 과정 속에서 살펴보면, 최종 설계안을 도출하는 과정과는 별개로 최종 결과물들을 만들기 위해 중간 결과물들을 만드는 작업들이 설계 업무의 대부분을 차지한다. 이 과정에서 만들어진 중간 결과물들은 최종 결과물을 위해 각 분야의 참여자들과의 협의, 의사결정 등과 같은 의사소통을 위해 사용되며, 최종 결과물은 다른 사람들에게 설계안을 보여주거나 시공자가 시공하기 위한 매체로 사용된다. 결국 설계 과정이란 설계가가 설계 매체를 가지고 설계안을 만드는 동시에, 또 다른 설계 매체들을 제작하는 과정으로도 볼 수 있다. 그러나 설계가가 스케치를 하고 모델을 만들며 도면을 그리는 과정은 단순히 설계 매체를 만드는 과정이 아니다. 설계가의 생각과 사상, 경험들을 반복적으로 피드백 하는 과정을 통해 창

---

8) Marshall McLuhan, *Understanding Media: The Extension of Man*, 김성기 · 이한우 공역, 『미디어의 이해: 인간의 확장』(서울: 민음사, 2002), pp.10-11.

의적인 아이디어와 설계 문제의 해결방안, 도면 내의 모순과 문제점 발견 등의 활동을 수행하는 창조적 과정이다.[9] 따라서 설계 과정에서 만들어지는 설계 매체도 하나의 창조적인 결과물이며, 최종 설계안을 만드는데 있어서도 중요한 것이다. 보고서 또는 설계설명서가 중요한 역할을 하고 있는 한국의 설계 문화에서 매체라는 관점에서 주목받고 있지는 않지만 이것의 중요성은 무엇보다도 강조되고 있다. 특히 현상설계나 턴키의 경우, 설계자는 보고서나 설계설명서를 최종 결과물로 생각하여 이것을 만드는 것에 모든 에너지를 쏟고 있으며, 결국 심사위원들은 그것에 의해 설계를 이해하고 평가하고 있다. 이러한 측면에서 설계 매체를 분석하고 검토하는 것은 현재의 한국 조경설계의 모습을 파악할 수 있는 하나의 접근 방법이 될 수 있으리라 생각한다.

설계의 역사가 매체 개발의 역사[10]라는 건축가 스탠 알렌Stan Allen의 말을 인용하지 않더라도 이제까지 살펴본 바와 같이 설계 매체가 설계와 밀접한 관계를 형성하고 있다는 것은 충분히 예측할 수 있을 것이다. 또한 많은 설계가들은 설계 매체에 대한 중요성을 인식하고, 설계를 발전시켜나가는데 설계 매체를 활용하고 있음을 여러 사례를 통해 확인할 수 있다.[11] 그러나 과연 실제로 어떠한 관계이며, 어떻게 나타나고 있는지를 밝히기는 쉽지 않다. 이러한 것은 앞으로 조경설계와 관련하여 다양한 각도에서 깊이있는 논의와 연구가 이루어지길 바란다.

9) 홍성민 · 송성진, "표현매체의 변화에 대한 건축가의 인식에 관한 조사 연구," 『대한건축학회논문집』18(11), 2002, p.29.

10) Stan Allen, "Diagram Matter," ANY 23, p.16.

11) 이와 관련된 내용은 미흡하지만 필자의 논문을 참고하기 바란다. 이상민, 『설계 매체로 본 한국 현대 조경설계의 특성』(서울대학교 박사학위논문, 2006).

서울숲에 사용된 설계 매체들은 어떠한가

다시 서울숲……. 앞으로 한국 조경계에서 또 다른 사건이 생길 때까지 서울숲은 계속 논의의 대상이 될 듯싶다. 이전에 여의도 공원이 그랬던 것처럼. 하지만 최근 우리의 조경 동네 모습은 조만간 설계와 관련해서 논의할 수 있는 대상들이 점점 더 많아질 것이라는 희망적인 기대를 가능하게 한다.

먼저 "형태위주의 완결적 마스터플랜보다는 프로그램과 프로세스 중심의 접근"을 필요로 하고, "대지의 맥락을 존중하고 시간의 변화, 이용자의 욕구와 행태의 변화에 대응할 수 있는 유연성을 요구"[12]하는 서울숲을 조성하려 했다는 설계가의 말은 최근의 설계 경향을 잘 반영해준다. 그렇다면 이러한 서울숲 설계를 위해서는 어떠한 매체들을 어떻게 사용했을까?[13]

설계에서 매체와 전략은 긴밀하게 얽혀있는 것처럼 보인다. 매체에 대해 주목한 것과 비슷한 시기에 설계에서 전략이라는 말이 등장하고 중요하게 사용되기 시작하였다. 설계 전략을 전략적으로 보여주기 위해 매체가 필요하거나 아니면 설계 전략을 위해 매체가 전략적으로 사용되어야 하는 것인가? 이와 반대로 매체를 효과적으로 사용하기 위해 전략이라는 것을 강조하기 시작한 것인가? 아니면 이러한 상상이 모두 틀린 것일지도 모른다. 하지만 분명한 것은 전략적인 설계가 되기 위해 또는 설계가 전략적으로 보이기 위해서는 설계 매체를 잘 활용해야만 한다는 것이다. 따라서 필자는 서울숲의 설계 전략[14]과의 관계에 주목하여 설계 매체에 대해 짚어보려 한다.

---

12) 2005년 7월 8일 개최된 '서울숲좌담회' 안계동 소장 발표자료, p.3.

13) 우리의 조경설계에서 설계 매체란 것이 대부분 설계(안)이 거의 완성되고 나서 그것을 단순히 프리젠테이션을 위한 도구로만 사용하고 있는 형편이지만 그래도 매체로서의 역할이 전혀 없다고는 말할 수 없다.

14) 서울숲에서 제시하는 설계 전략에 관해서는 다른 지면을 통해 간략하게 다루었다. 이상민, "서울 숲의 전략: 진화, 네트워크, 재생,"『환경과 조경』209호, 2005년 9월호, pp.92-93.

서울숲을 처음 방문했을 때의 첫 인상은 넓고 복잡하지만 입체적이고 다양한 공간들이 지루하지 않게 잘 짜여졌다는 것이었다. 서울숲에서 이러한 느낌을 받은 데에는 여러 가지 이유가 있겠지만 무엇보다도 설계 내용이 이전의 다른 공원 설계에 비해 많이 달라지고 또 한층 세련되어졌다는 것을 부정할 수 없을 것이다. 그렇다면 설계의 내용을 구성하는 설계 개념이라든지 설계 전략과 같은 것들이 달라졌을 터인데, 이것들을 드러내 주는 설계 매체 또한 이러한 변화와 전혀 무관하지 않을 것이라 생각한다. 설계 전략을 구현하는 도구, 또는 전술로서 '매체'를 생각해 본다면 이러한 관계는 더욱 분명해 진다. 제임스 코너James Corner는, "설계에 있어서 전략은 특정한 목적이나 고정된 결과에만 관련되지 않는다. 좋은 설계란 역동적이고 개방적이어야 하며, 그래야 그 자체로서 수명을 지니기 때문이다." 전략은 "대항적이거나 단정적이기보다는 대화적이고 관여적인 성격을 지니며 공간 및 프로그램 등과 관련하여 고도로 조직화된 계획이므로 변화하는 상황에 적절하고 유연하게 적응할" 수 있게 해 준다고 말하고 있다.[15] 그리고 이것이 가능하도록 하는 것이 바로 매체의 역할인 것이다.

서울숲에서는 계획의 방향인 '기쁨', '참여', '생명'을 구현하기 위한 설계 전략으로 '진화', '재생', '네트워크'를 채택하였다. 이러한 설계 전략들은 설계의 프로그램, 또는 현상공모 지침이 제시하고 있는 프로그램을 구체적인 설계로 이끌어 나가는 기본 방향이 되며, 결국에는 이러한 프로그램을 공간화하기 위한 기본 전략이 되었다. 그리고 이 전략들은 다시 설계 매체를 통해 정리, 종합, 구체화되어 공간으로 구성되고 있다(그림3-6참조). 서울숲에서 사용된 설계 매체는 포괄적으로 다이어그램diagraming이라 말할 수 있다.[16] 이러한 다이어그램들은 레이어링layering이

15) James Corner, "Not Unlike Life Itself: Landscape Strategy Now," *Harvard Design Magazine* 21, 2004/2005, p.32.

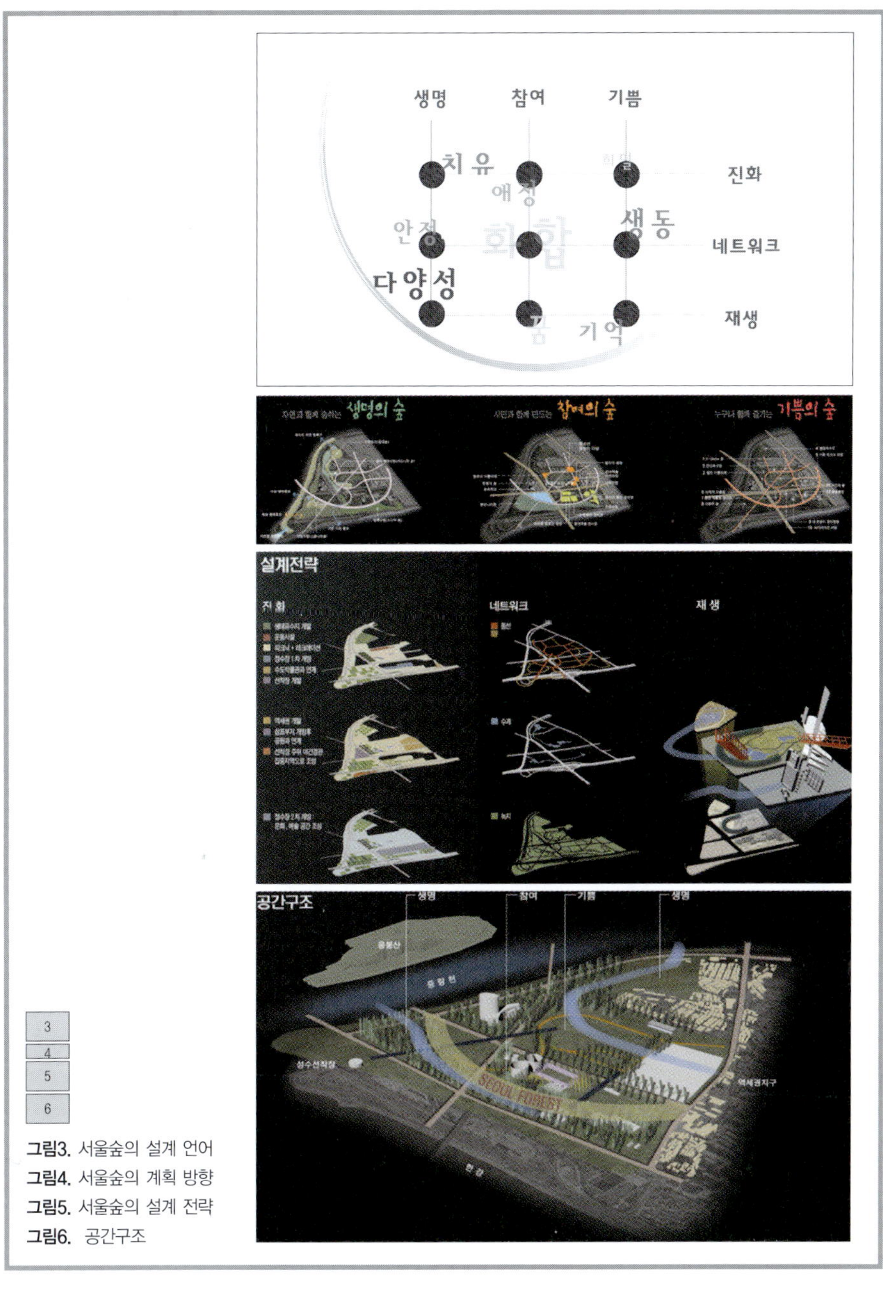

3
4
5
6

그림3. 서울숲의 설계 언어
그림4. 서울숲의 계획 방향
그림5. 서울숲의 설계 전략
그림6. 공간구조

라는 기법을 통해 효과적으로 사용되었다. 따라서 다른 출품작들과 다르게 당선작에 사용된 매체들은 설계가의 생각과 의도가 간결하면서도 질서있게 드러나며, 무엇보다도 솔직하다. 이러한 설계 매체의 특성은 설계설명서나 설계 패널을 보면 설계가의 의도를 쉽게 파악하고 또 이해하는 것을 가능하게 한다. 현상공모전에 제출할 설계안을 만드는데 사용되었던 매체들을 이후 기본 및 실시설계로 발전시켜나가는 과정 속에서도 일관성 있게 설계의 큰 틀로 활용하려고 노력하고 있음을 알 수 있다. 아마도 설계 매체의 이러한 특성들이 설계공모전에서 설계안이 당선되는데, 그리고 결국에는 현실로 실현되기 위해 디테일한 부분으로 구체화되는데 중요한 역할을 했을 것이라 추측해 본다.

그러나 한편으로 서울숲의 매체들은 매체로서의 역할 가운데 일부만 실행하고 있는 반쪽짜리 설계 매체라는 생각을 지울 수 없다. 이것들은 설계 방법으로서의 생성적인 역할보다는 설명적이고 재현적인 매체의 역할만을 수행하고 있기 때문이다.[17] 하지만 이것 또한 무시할 수 없는 매체의 기능이며 이러한 역할조차도 제대로 수행하지 못해 매체라고 부르기 민망한 것들이 너무나 흔하게 사용되는 많은 설계(안)들을 생각해본다면 서울숲의 당선작은 많은 발전이 있었던 작품으로 평가하고 싶다. 그리고 당선작뿐만 아니라 다른 출품작들에서도 설계 매체를 효과적으로 사용하려고 노력한 흔적들을 조금이라도 찾을 수 있었다는 것에 위안을 삼는다.

설계 매체와 설계와의 관계는 이 글을 통해서 쉽게 결론 내릴 수 있는 문제는 아닐 것이다. 솔직하게 말하자면 필자는 먼저 문제제기를 하고 싶었다. 매체라

---

16) 배정한, "세로지르기, 서울숲 설계공모의 전략 · 매체 · 테크닉," 『환경과 조경』182호 (2003년 6월호), p.114.
17) 서울숲 조성 현상공모에 출품된 작품들의 대부분은 단순히 프리젠테이션 수단으로서 사용했다는 지적도 받고 있다. 앞의 글 참조.

는 개념은 설계에서 중요한 역할을 함에도 불구하고 이제까지 주목받지 못했다. 앞으로 우리의 조경설계가 더욱 성숙해지기 위해서는 설계의 방법, 개념, 철학 등에 대한 고민도 중요하지만 이것들을 구체화하고 설계안으로 발전시킬 수 있는 설계 매체도 함께 고민해야 할 것이라고 생각한다. 또한 설계와 관련하여 다양한 논의들이 형성되고 있는 요즘, 이러한 논의들을 매체의 관점에서 접근해볼 수 있을 것이다. 매체는 조경설계를 바라보는 또는 설계와 관련된 담론을 형성하는 또 다른 시선이 될 수 있는 가능성을 갖고 있기 때문이다. 결국 단지 표현 수단에 그치는 것이 아니라 그것을 통해 설계에 대해 이제까지와는 다른 층위를 읽어 낼 수 있는 수단으로서 또는 설계에 대한 새로운 접근을 가능하게 하는 도구로서의 가능성을 설계 매체에서 찾고자 한다.

엘리자베스 마이어Elizabeth Meyer는 설계와 매체의 관계에 대해 30년전 로렌스 헬프린Lawrence Halprin의 말을 인용하면서 다음과 같이 이야기하였다. 더 새로운 설계를 꿈꾸고 기다리는 우리들에게 중요한 단서가 될 것이다.

"30년전 헬프린은 우리가 정지된 공간들static spaces을 설계해 온 것은 우리가 알고 있는 드로잉 방법how to draw이 바로 그것뿐이었기 때문이라고 말했다. 그의 말이 옳다. 우리는 구조뿐만 아니라 경험, 공간뿐만 아니라 시간, 그리고 흐름을 표현하는representing 방법을 발전시켜야 한다."[18]

18) Elizabeth Meyer, "Reflections on the First Designed Landscape Forum," in *Designed Landscape Forum I*, ed. Spacemaker Press(NY: Spacemaker Press, 1998), p.21.

11 디지털의 경관

[디자인 프로세스의 진화]

김 영 민_SWA 로스앤젤레스 오피스

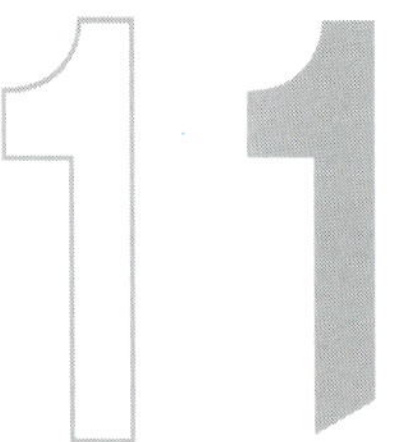

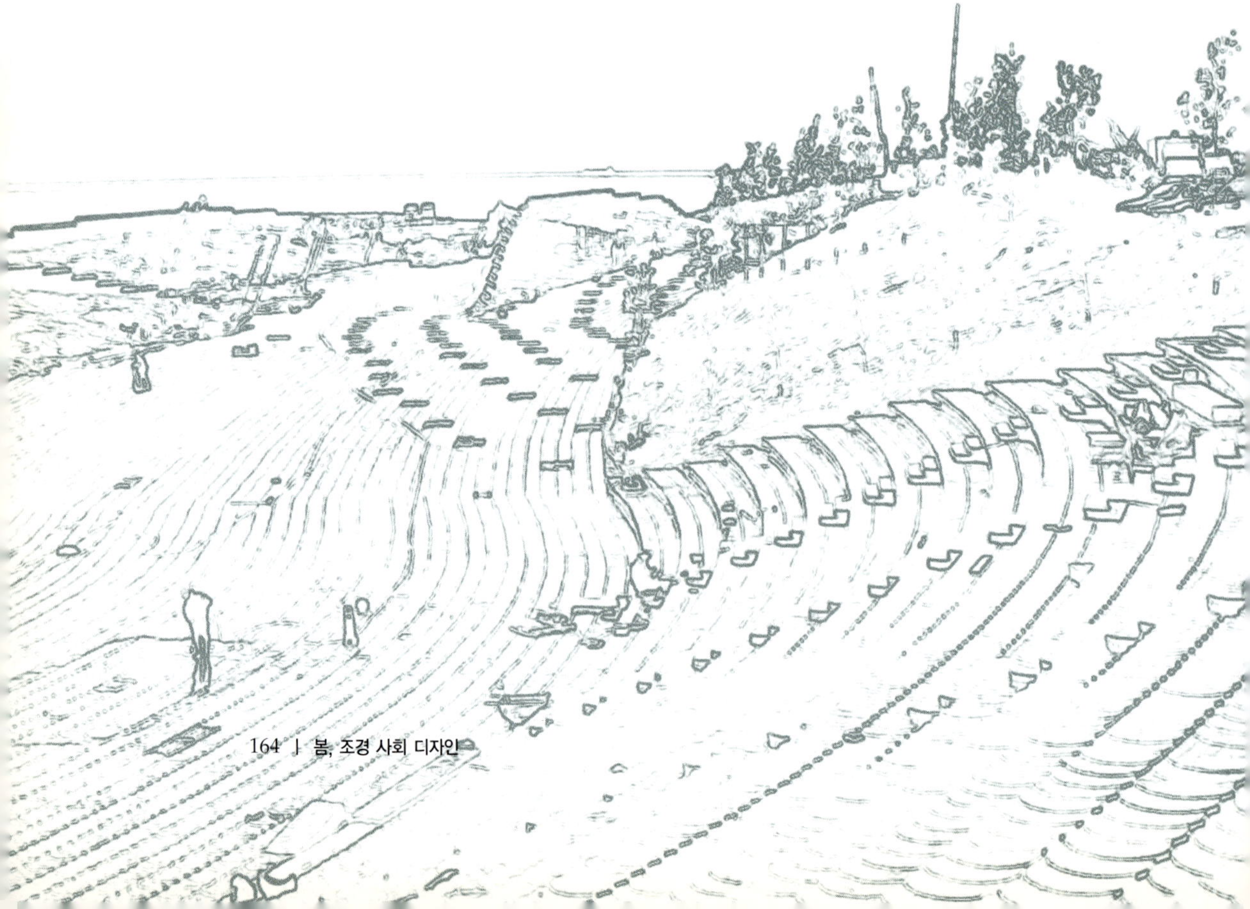

새로운 진화

Once a container, technology now becomes a components of the body. …… It is no longer of any advantage to either remain 'human' or to evolve as a species. Evolution ends when technology invades the body(한때 도구에 불과하였던 테크놀러지는 이제 신체의 일부가 된다. …… 더 이상 인간으로 남아있거나 하나의 종으로서 진화를 한다는 것은 무의미하다. 진화는 테크놀러지가 신체를 침범할 때 비로소 종결된다).

– Stellarc, "Towards the Post-Human"[1)]

스텔락Stellarc의 언급처럼 더 이상 인간에게 생물학적 진화는 무의미한 것일지도 모른다. 이미 수세기동안 발전시킨 기술을 통해 인간은 수백만 년을 진화해 온 지구상의 그 어떠한 종보다도 빠르게 이동할 수 있으며, 넓은 범위를 인지하며, 가공할 파괴력을 지닌 생물체가 되었다. 그동안 인간은 스스로의 지능이 자신의 부산물보다 우위에 있으며 이를 충분히 통제하고 있다고 생각해왔다. 그러나 실제로 피조물인 기술은 창조자인 인간이 자신의 고유한 영역이라고 자부하고 있던 지적 능력을 침범하고 있다. 기술의 발전은 인간의 사고의 범위와 방식을 조금씩 그 근저에서부터 변화시켜왔다. 단순히 육체적인 능력의 진화가 아닌 지능의 진화가 인간이 창조한 기술에 의해 진행되고 있는 것이다. 인간의 지적 능력 중 창조의 영역은 최후의 성역이었다. 대표적인 창조의 영역이라고 간주되던 디자인은 이미 컴퓨터라는 강력한 도구와의 기묘한 교배를 통해 침해할 수 없는 성역의 순수성을 상실하고 말았다. 이미 선박 디자이너들은 드로잉Drawing이라는 용어를 디지털라이징3D digitalizing이라는 용어로 대체시킨 지 오래이다. 비행기와 자동차 디자인에서 시작된 컴퓨터

---

1) Stellarc, "Towards the Post-Human: From Psycho-Body to Cybersystem," 1995, new edition in Neil Spiller (ed.), Cyber_Reader, London, Phaidon, 2002, pp.264-267.

를 통한 디자인의 진화는 다른 디자인 분야의 디지털화를 촉진시켰으며 창조의 과정을 근본적으로 변화시켰다. 건축의 영역도 예외는 아니었다. 최근 현대 건축가들은 컴퓨터를 통해 새로운 형태를 생산하며 건축의 개념 자체를 변화시키고 있다. 그렇다면 조경의 디자인은 어떠한가? 조경의 영역은 컴퓨터라는 기술을 통해 얼마나 진화를 했으며 진화를 할 수 있을 것인가?

재현의 도구로서의 디지털

What is the reality of an architectural design? It is precisely a virtual reality(건축 디자인의 실체는 무엇인가? 그것은 엄밀히 말해 가상적 실체이다).

– Antoine Picon, "Architecture, Science, Technology and the Virtual Real"[2)]

전통적인 디자인의 과정은 인간의 직관력에 바탕을 두고 있다. 흔히 '블랙 박스 이

Napoli TAV Station, 2003, Eisenman Architect: 건축의 비선형적인 형태는 대부분 디지털상의 형태의 조작을 통해서 이루어진다(*La Biennale Di Venezia*, p.241)

Reocin Mine Amphitheater: 컴퓨터 랜더링의 결과는 디자이너의 완벽한 제어가 불가능하다(필자의 랜더링: GSD 1404 Studio)

론Black box theory' 이라고 언급되는 이 프로세스에서 디자인과 그에 대한 평가는 상당 부분 주관적일 수밖에 없게 된다.[3] 이러한 주관성의 개입으로 인해 대부분의 디자인 과정에서 개념을 실체화시키는 명료한 법칙성을 발견하기는 힘들다. 때문에 전통적인 디자인은 과학이기보다는 예술로서 간주되곤 했었다. 재현representation의 단계는 대부분 전통적인 디자인 과정의 마지막에 놓인다. 작가의 직관이라는 블랙박스에서 출발한 디자인은 작가의 지식, 경험에 근거한 시행착오의 과정을 거쳐 이미지로 재현된다. 기본적으로 이러한 이미지는 디자인이 실체화되기 전 최종 산물을 가상으로 표현한 일종의 시각적 재현이다. 그러나 재현의 단계는 단순히 개념의 현

---

2) Antoine Picon, "Architecture, Science, Technology and the Virtual Realm," in Antoine Picon, Alessandra Ponte (dir.), *Architecture and the Sciences, Exchanging Metaphors*, New York, Princeton Architectural Press, 2003, p.111.

3) Kostas Terzidis, *Algorithmic Architecture*, Elsevier Ltd., Architectural Press, 2006, p.42.

Claude Le Lorrain의 풍경화: 17세기 프랑스 풍경화의 영향을 받은 18세기 영국의 풍경식 정원은 이미지의 재현이었다(Mark Laird: Harvard GSD 디지털 자료)

실화를 위한 예비 과정 이상의 의미가 있다.

건축 이론가인 안톤 피콘Antoine Picon은 건축 디자인의 실체가 무엇이냐는 질문에 가상 현실virtual reality이라는 결론을 내린다.[4] 즉, 재현의 단계에서 생성되는 이미지가 건축 디자인의 실체라는 것이다. 건축에 있어 재현과 구현의 논쟁은 이미 18세기 말부터 시작되고 있었다. 석조술Masonry에 근거한 서양의 건축사에서 건축의 실체는 전통적으로 축조성에 기본을 두고 있었다. 그러나 18세기 말 공학의 발전에 위협을 느낀 건축가들 사이에서 디자인과 공학을 분리시키고자 하는 급진적인 움직임이 나타난다. 에티엔느-루이 불레Etienne-Louis Boullee는 디자인을 이미지의 생산과 동일한 용어로 간주하였으며, 이후 양식, 비례, 그리고 장식성의 주제가 건축사적 논의의 대부분을 차지하게 되었다.

조경의 경우에서 이미 재현은 18세기부터 디자인의 본질을 형성하고 있었다. 존 딕슨 헌트John Dixon Hunt는 클로드Claude와 푸생Poussin의 17세기 풍경화를 영국의 풍경식 정원의 중요한 원류로 보고 있다.[5] 또한 포프Pope의 기록에서는 "모든 정원은 풍경화이다"라는 언급을 찾을 수 있으며, 월폴Walpole은 풍경화가로서의 캔트의 경험이 그의 정원 설계에 결정적인 영향을 미쳤다고 결론을 내린다.[6] 풍경식 정원의 경우에 있어서는 이미지가 실체의 재현이 아니라 반대로 실제의 경관이 이미지의 재현이었다. 여기서 이미지는 실체보다 열등하다는 플라톤의 고전적 사고방식은 역전된다. 이미지와 조경의 밀접한 관계는 현상적인 경관의 성격을 다른 수단을 통해서 파악하기가 힘들다는 사실에서도 기인한다. 제임스 코너James Corner와 홀리 클락Holly Clarke과 같은 오늘날의 조경 이론가는 몽타쥬Montage 기법으로 생성된 이미지를 통해 경관과 공간을 파악하려고 시도했다.

컴퓨터를 통한 재현의 생산물들은 이미지와 실체의 이원론을 넘어선 또 다른 복합적인 문제를 제기한다. 초기의 단계에 있어서 컴퓨터는 제도판과 마커를 대신한 재현의 도구로서 도입되었다. 그러나 디지털화된 재현의 과정을 통해 설계자는 점차 자신의 디자인에 대한 철저한 통제력을 상실하기 시작하였다. 이전의 다른 도구들과는 달리 컴퓨터는 사용자가 완벽히 파악하기가 불가능한 고도의 복합성을 지니고 있다. 이러한 복합성은 설계자가 예측할 수 없는 여러가지 재현의 현상들을 생성한다. 우리는 색연필로 채색하여 나오는 효과에 대해 충분히 예상할 수 있으며 통제할 수 있다. 그러나 컴퓨터 랜더링 프로그램에서 입력한 광자photon의 수가 어떠한 효과를 낼지 완벽히 예측한다는 것은 불가능하다. 디지털화 이전까지는 이미지와 실체 사이에는 종속적인 위계관계나 일대일의 평행한 관계가 성립되어 왔다. 그러나 디지털의 세계에서 이미지와 실체는 상이한 두 개의 차원에 놓여있다. 즉

---

4) 건축과 가상 현실에 대해서는 Antoine Picon의 글을 참고

5) 단, 헌트의 경우, 풍경화의 영향을 인정하고 있으나 다른 다양한 사회적, 정치적 요소 역시 풍경식 정원에 중대한 영향을 미쳤다는 점에서 포프나 애디슨의 입장과는 다소 다르다.

6) John Dixon Hunt and Peter Willis, eds. *The Genius of the Place: The English Landscape Garden 1620~1820*, Cambridge, MA, and London: The MIT Press, 1988, pp.16-17.

재현의 과정은 재현의 대상을 상실하며 그 자체로서 다른 차원의 구현이 된다. 디지털의 세계에서 생성된 이미지는 보드리야르Baudrillard의 시뮬라시옹이 된다.[7] 시뮬라시옹이 원본도 사실성도 없는 실재, 즉 파생실재를 모델들을 가지고 산출하는 작업인 것처럼 디지털을 통한 재현의 작업도 재현의 대상과의 관계를 지워버린다.

구현의 도구로서의 디지털

The computer is being used not as a tool of representation, but as a generative instrument that is part of the design process itself. In other words, at a most radical level, the computer has redefined the role of the architect. No longer is the architect the demiurgic form-maker of the past(컴퓨터는 재현의 도구가 아니라 자체가 디자인 과정의 일부인 생성적 수단으로 사용되어 왔다. 다시 말해 가장 급진적인 단계에서 컴퓨터는 건축가의 역할을 재정의 했다. 더 이상 건축가는 과거처럼 데미우르그적인 형태의 창조자가 아니다).

– Leach N., Swarm tectonics: a manifesto for an emergent architecture[8]

오늘날 건축에 있어 컴퓨터의 힘은 재현의 도구보다 구현의 도구로서 더 가공할 힘을 발휘한다. 컴퓨터가 구현의 도구로서 사용될 때 이는 과거에는 존재하지 않았던 새로운 가능성을 제시한다. 컴퓨터는 이전까지의 건축사를 통해 발전한 형태의 근본적인 원칙들을 기초부터 전복시킬 만큼 급진적인 변화를 가져다주었다. 오늘날 실험적인 현대 건축가들이 선보이는 낯선 유선형의 건물 형태는 대부분 컴퓨터의 도움이 없이는 불가능한 시도들이다. 본래 비행기와 차체의 디자인을 위해 발전한

---

7) 시뮬라시옹의 개념에 대해서는 다음의 책을 참고. 장 보드리야르Jean Baudrillard, 하태환 역, 『시뮬라시옹』, 2003.

8) Leach N., Swarm tectonics: a manifesto for an emergent architecture, in Hadid Z. and Schumacher P. *Latent Utopias: Experiments within Contemporary Architecture*, Wien: Springer-Verlag, 2002, p.55.

디지털 기술이 건축에 도입된 것은 새로운 형태를 실현시키고자 하는 구조의 영역에서였다. 1970년대 프라이 오토Frei Otto가 연구한 인장 구조 모델은 맨해임 그리드 쉘Mannheim grid shell과 뮌헨 조류사육장에 이용되었다. 비록 물리적 모델을 사용하여 건물의 구조를 실험하였지만 형태의 구조적인 작용은 컴퓨터의 분석을 통해 구현되었다.[9] 구조와 형태의 연구를 통한 컴퓨터의 사용은 그 이후 발전을 거듭하여 비선형 건물의 구상에서부터 건설까지의 모든 단계에 디지털화된 디자인 과정이 개입하게 된다. 오브 아럽Ove Arup의 수석 구조 엔지니어인 세실 발몽Cecil Balmond은 현대 건축가들과의 작업은 단순히 구조분석의 작업이기보다는 구조적 형태를 디자인하는 협동의 작업이라고 말한다.[10] 그러나 디지털을 통해 생성되는 형태가 단순히 구조적 가능성을 예측하기 위함만은 아니다. 그레그 린Greg Lynn의 컴퓨터를 통한 건축적 실험은 디지털에서만 표현 가능한 급직전인 형태의 가능성을 보여준다. 또한 벤 반 버클Ben Van Berkel은 디지털화된 다이어그램을 도입하여 새로운 공간을 이해하려는 도구로서 사용한다.

건축에서 시도되는 컴퓨터를 통한 형태적인 실험들은 아직 조경의 분야에서는 생소하다. 그러나 조경의 영역이 이러한 디지털의 새로운 구축성으로부터 자유로울 수 있을 것 같지는 않아 보인다. 현대 건축에서 자주 등장하는 랜드스케이프의 개념은 형태적인 실험의 연장선상에 있다.[11] 대표적인 예로 FOA의 요코하마 터미널Yokohama Terminal에서 등장하는 랜드스케이프는 접힌 표면folded surface과 그를

9) Chris Williams, Design by Algorithm, in Neil Leach, David Trunbull, Chirs Williams (ed.), *Digital Tectonics*, Chichester, Wiley-Academy, 2004, p.80.

10) Ove Arup은 Philip Johnson, Toyo Ito, Rem Koolhaas, Daniel Libeskind 그리고 Ben Van Berkel 등의 유명건축가들의 구조설계를 담당해온 영국의 구조 회사이다.

11) 이미 이 주제는 이 책에 실려있는 '건축의 조경화' 에서 다룬 바가 있다.

12) Foreign Office Architects, La Refomulacion Del Suelo-Reformulation the ground, Quadesus 220, 1998, p.36.

SE Coastal Park and Auditorium, 2004, FOA: 현대 건축의 랜드스케이프의 개념은 형태적 실험의 연장선상에 있다(*La Biennale Di Venezia*, p.169)

구현하는 구조와의 관계를 모색한 형태적인 실험의 결과였다.[12] FOA의 또 다른 프로젝트인 바로셀로나의 에스이 해안공원SE Coastal Park에 대한 설명에서도 랜드스케이프는 기존의 기하학적 형태에 대한 형태적 대안이었음을 설계자 스스로가 밝히고 있다.[13] FOA를 비롯한 그레그 린, 자하 하디드Zaha Hadid, 플로리안 베이겔Florian Beigle 등 랜드스케이프의 개념을 사용하는 많은 건축가들의 작품을 살펴보면 컴퓨터가 아니면 생성할 수 없는 폴딩Folding이나 비선형non-linear의 형태들이 등장하는 경우가 많다. 디지털의 구축성은 지형과 흡사한 비정형의 형태를 건축에 도입시켰으며, 이러한 형태는 건축과 조경 사이의 경계를 허무는 결정적인 역할을 하고 있다.

물론 조경에서도 지형물landform의 형태는 중요한 디자인의 요소이다. 그렇다면 조경에서의 지형물의 형태적 발전은 어떠한 단계에 있는가? 오늘날 가장 유명한 현대 조경가 중 한명인 마이클 반 발켄버그Michael Van Valkenburgh가 웰즐리 칼리지Wellesley College 재계획 안에서 선보인 지형들은 150년 전의 파리에 조성된 뷔트 쇼몽 공원Parc des Buttes-Chaumont의 언덕과 크게 달라 보이지 않는다. 또한 조지 하그리브스George Hargreaves의 지형물들은 그가 초기에 영향을 받았던 1960년대의 대지 예술의 형태에 머물고 있는 듯한 느낌을 지울 수가 없다.

컴퓨터를 통한 형태적 구축이 비선형의 형태를 생성하는데 국한되지는 않는다. 디지털의 힘은 어떠한 유클리드 기하학 형태의 변형도 가능하게 한다. 몰핑Morphing 기술은 두 형태 사이의 변형과정을 포착함으로서 인간의 직관으로 상상하기 힘든 형태를 생성한다. 모션Motion 기술은 이전까지는 불가능해보였던 동적인 기하학을 표현해낸다.[14] 컴퓨터를 통한 형태적인 실험과 그 구축의 가능성은 무한에 가깝다. 이미 인간의 직관력이 파악할 수 있는 범위를 떠난 무한의 가능성을 어떠한 의미 있는 디자인으로 만드는가는 아직도 디자이너들의 몫이다.

문제 해결 도구로서의 디지털

In contrast, another set of theories define the design process as a problem solving process. According to latter, design can be conceived as a systematic, finite and rational activity(반대로 또 다른 이론은 디자인 프로세스를 문제 해결의 프로세스로 정의한다. 이에 따르면 디자인은 체계적이며, 유한적이고 이성적인 행위로 간주될 수 있다).

– Kostas Terzidis, Algorithmic Architecture[15]

13) Michael Kubo and Albert Ferre with FOA, Phylogenesis foa' s ark, ACTAR, 2003, p.58.

14) 컴퓨터를 이용한 다양한 형태적 실험의 가능성은 다음의 책을 참조. Kostas Terzidis, *Expressive From*, Spon Press, Taylor & Francis Group, 2003.

15) Kostas Terzidis, p.42.

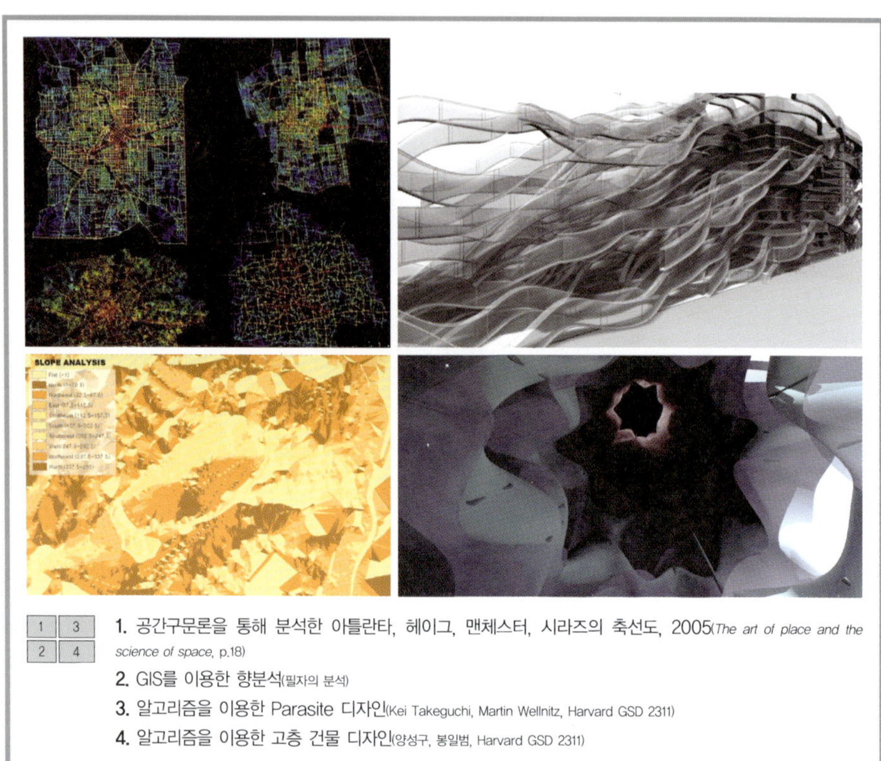

1. 공간구문론을 통해 분석한 아틀란타, 헤이그, 맨체스터, 시라즈의 축선도, 2005(*The art of place and the science of space*, p.18)

2. GIS를 이용한 향분석(필자의 분석)

3. 알고리즘을 이용한 Parasite 디자인(Kei Takeguchi, Martin Wellnitz, Harvard GSD 2311)

4. 알고리즘을 이용한 고층 건물 디자인(양성구, 봉일범, Harvard GSD 2311)

디자인은 새로움을 창조하는 과정임과 동시에 문제를 해결할 수 있는 최선의 방법을 제시하는 논리적인 과정이기도 하다. 재현이나 구현의 도구로서 컴퓨터는 디자인 과정의 일부를 대체하였다. 컴퓨터를 통한 이미지나 형태를 창조함에 있어 디자이너가 이를 완벽히 통제할 수 있는 능력을 잃었다고 인정해도, 결국 본질적인 디자인 문제의 해결 방안의 도출은 아직 디자이너의 직관력에 의존하고 있다. 결국 디자인의 핵심인 내용은 아직도 "블랙박스"안에서 결정이 되는 것이다. 그러나 원래 컴퓨터가 도구로서 지닌 최대의 강점은 양적 데이터의 계산능력과 그 처리방식의 논리적 명료함에 있다. 1960년대에서부터 정보처리 도구로서의 컴퓨터의 발전과 함께 디자인의 논리적 측면을 강조하는 움직임이 나타났다.

건축의 분야에서 나타난 "구조 언어학적 접근Structural linguistics approach"이 그 대표적인 예이다. 디자이너는 조닝zoning, 동선, 구조와 같은 여러가지 제한들을 언어학적 방식으로 분류함으로써 문제를 구조화하게 된다. 이어 이러한 정보는 일정한 법칙에 의해 언어학의 법칙으로 변환된다. 언어 구조에 대한 알고리즘은 디자인의 일부가 아닌 디자인의 전 과정을 위해 만들어진다.[16] 빌 힐리어Bill Hillier 교수의 공간구문론Space Syntax도 컴퓨터를 이용한 논리적 디자인의 과정을 만들기 위한 건축 이론의 하나이다.[17] 공간구문론은 건물 자체 보다는 공간의 구성에 주목한다. 우선 디자이너는 공간과 공간 사이의 연결 체계에 대한 분석을 통해 공간의 전체적인 구조를 파악하게 된다. 그리고 분석된 공간 구조는 정량화된 수치로 환원이 되며 이 수치들은 다시 다양한 경험적 실험을 통해 의미를 갖게 된다. 역시 언어학적 법칙에 근거한 공간구문론은 컴퓨터를 통하여 소규모의 주택에서부터 대도시의 범위까지 그 활용의 범위를 확장시켰다.

조경의 분야에서 활용되고 있는 GISGeographical Information System도 같은 맥락에서 볼 수 있다. 이안 맥하그Ian McHarg가 제시한 조경 설계와 계획의 과학적 접근방식은 GIS의 분석방식에 그대로 도입이 되었다.[18] 컴퓨터의 강력한 정보처리 능력은 그동안 축적되어 온 지리학적 데이터에 바탕을 둔 보다 정교하고 논리적인 적지

16) 건축의 구조언어학적 접근에 대해서는 다음의 글을 참고. Yessios, C., Formal Languages for Site Planning, in C. M. Eastman (ed.), *Spatial Synthesis in Computer-Aided Building Design*, New York: Wiley, 1975.

17) 공간구문론에 대해서는 다음의 책을 참조. Bill Hillier, *Space is the machine, A configurational theroy of architecture*, Cambridge university press, 1996.

18) GIS 프로그램의 초기 개발자이자 ESRI사의 창업자인 Jack Dangermond가 GIS 시스템을 개발하고 있을 당시 Ian MacHarg의 동료였던 Harvard GSD 조경학과 교수 Carl Steinitz의 제자였음을 고려할 때 GIS의 분석방식이 조경의 적지 분석방식과 거의 차이가 없음은 그다지 놀랄만한 일은 아니다.

분석을 가능하게 하였다. 각각의 경관 체계를 독립된 시스템으로 파악, 중첩Overlapping의 방식을 통해 방대한 자료로부터 결론을 이끌어내는 계획 방식은 설계의 과정을 보다 명료하고 논리적으로 바꾸었다.

그러나 컴퓨터의 논리 연산 능력을 통한 문제 해결의 디자인 방식은 곧 그 한계를 드러내었다. 이러한 디자인 방식은 정보의 효과적인 나열과 그 분석 이상의 결과를 생산하지 못하였다. 구조적 언어학적 접근방식의 활용은 결국 건축 프로그램의 배치에 그치게 되었으며 공간구문론은 일종의 공간 분석 도구 이상으로 발전하지 못하였다. GIS를 이용한 과학적 계획 방법론 역시 반대 진영으로부터 조경 디자인의 창조성과 예술성을 무시한 디자인 프로세스라는 비판을 받고 있다.

디지털, 도구를 넘어서

Computation is about the exploration of indeterminate, vague, unclear, and often ill-defined processes; because of its exploratory nature computation aims at emulating or extending the human intellect(컴퓨테이션은 비결정적인, 불명확한, 모호한, 그리고 종종 잘못 정의되는 프로세스에 대한 탐색이다. 컴퓨테이션의 탐색적 본질은 인간 지능의 모방 혹은 연장을 그의 목표로 삼게 한다).

– Kostas Terzidis, Algorithmic Architecture[19]

알고리즘 디자인은 디자인 프로세스의 또 다른 진화의 과정이다. 직관력에 의존한 전통적인 디자인 프로세스는 인간의 감각과 사고의 한계를 벗어날 수가 없다. 인간은 자신이 생활을 영위하는 3차원의 공간, 그리고 시간을 포함한 4차원의 공간까

19) Kostas Terzidis, p.1.

지 사고를 할 수 있으나 수학적 공식으로 표현되는 그 이상의 차원을 직관적으로 그려낼 수가 없다. 인간이 현상적 변화를 감지한다고는 하지만 카오스 이론에 근거한 복잡성을 직관적으로 파악하기는 불가능하다. 그러나 또한 컴퓨터의 논리 연산 작용에 의한 디자인 프로세스는 디자인을 단순한 정보의 배치 방식으로 바꾸어놓고 말았다. 컴퓨터는 문제 해결에는 뛰어난 능력을 보였으나 그 결과물은 인간이 갖고 있는 다양성, 복합성, 비결정성의 요소를 표현하기에는 역부족이었다. 그러나 최근에 등장한 알고리즘 디자인은 또 다른 디자인 프로세스의 방향을 제시한다.

알고리즘 디자인은 기본적으로 3D 그래픽 프로그램들이 수학적 코드로 이루어져 있다는데 착안을 한다. 디자이너는 디지털 화면상에서 가시적인 형태를 조작하고 있다고 생각하나 실제로 마야, 라이노, 3D MAX, 카티야 등의 모든 컴퓨터 프로그램이 이해하는 것은 그에 대응하는 일련의 수학적 코드이다. 그렇다면 이러한 코드를 직접 조작을 한다면 가시적으로 조직 기능한 실체를 넘어선 새로운 영역까지도 디자인이 가능하게 된다.

컴퓨터 코딩의 일종인 알고리즘 디자인의 프로세스는 현대 과학 이론에 그 바탕을 두고 있다. 알고리즘 디자인 프로세스 중 하나인 몰핑Morphing 기법은 위상

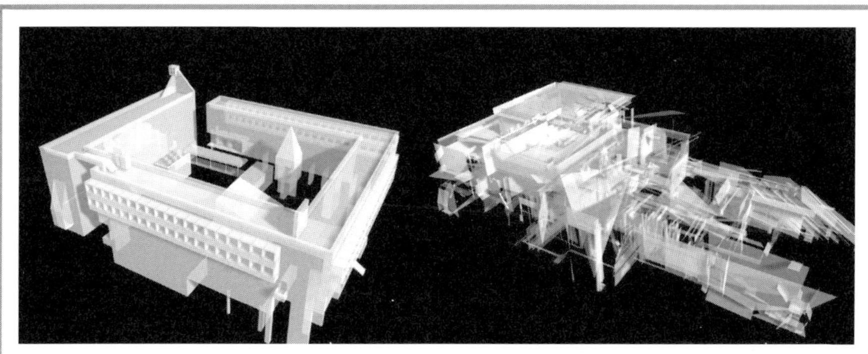

알고리즘을 이용한 몰핑Morphing기법: 하나의 건물에서 다른 건물로 형태의 변화가 이루어지는 과정(Kostaz Terzidis GSD 2317)

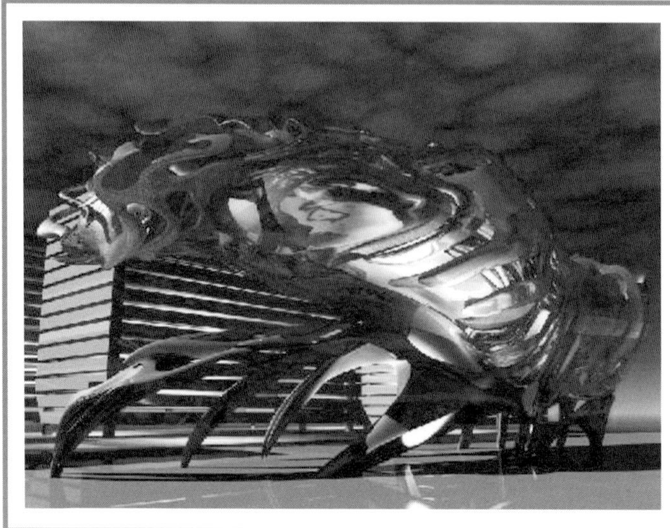

Transarchitecture: 알고리즘을 이용하여 형성된 형태적 실험(Marcos Novak, Harvard GSD 2317)

기하학에 그 이론적 바탕을 두고 있다. 또다른 기법인 프랙탈 생성 시스템Fractal generative system은 독일의 수학자인 폰 코흐Von Koch의 프랙탈 이론을 통해 발전되었다. 그 외에도 복잡성 이론, 광학 이론 등의 여러 가지 첨단 이론들이 알고리즘 디자인의 핵심을 구성하고 있다. 현대 과학 이론에 바탕을 두고 있는 이러한 디자인 프로세스는 두 가지 측면에서 이전까지의 디자인 프로세스와의 차별성을 지닌다.

첫째는 인간의 공간적 인식범위를 확장시킬 수 있다는 점에 있다. 여러 가지 현대 과학이론은 현상에 대한 인간의 이해의 범위를 확장시켰으나 이를 가시적으로 표현하기는 힘들었다. 그러나 알고리즘 디자인은 과학을 통해 확장된 인간의 사고의 영역을 가시적으로 구현한다. 이 과정에서 기존의 컴퓨터 연산 작용에 바탕을 둔 문제 해결의 프로세스가 구현할 수 없었던 비결정성이 디자인의 요소에 다시 도입되게 된다. 둘째 디자인 프로세스의 명료함이다. 알고리즘 디자인은 디자인의 "블랙 박스"를 해체시켰다. 기본적인 알고리즘의 언어를 이용할 수 있다면 디자인의 전체 프로세스는 명료하게 이해할 수 있다. 공개된 프로세스는 이전과는 비교할 수 없을 정도로 쉽게 하나의 디자인을 보다 발전된 단계로 확장시킨다.

물론 아직 알고리즘 디자인이 그 자체로 하나의 완결된 디자인 프로세스가 되기에는 이르다. 알고리즘 디자인은 아직 10년 정도의 짧은 기간 동안 발전을 해 왔으며 계속해서 정교화 되고 있다. 그러나 알고리즘 디자인의 중요성은 현재의 응용 가능성이 아니라 발전 가능성에 있다. 아직 조경의 분야에서는 알고리즘 디자인에 대한 논의가 한 번도 나온 적이 없으나, 많은 건축 이론가들은 디지털 디자인의 조경 영역의 적용 가능성에 관심을 보이고 있다.[20] 이제는 조경 분야의 누군가가 새로운 실험을 해보아야 할 때이다.

마치며

디지털이 오늘 우리가 살아가는 사회의 가장 중요한 현상 중 하나라는데 반론을 제기할 사람은 별로 없다. 그러나 많은 조경가들은 컴퓨터가 인간의 창조 능력을 부분적으로나마 대체할 수 있다는데 심한 반감을 갖는다. 또한 많은 이론가들은 철학서나 관련 이론서가 아닌 현대 과학의 이론을 이해해야 한다는데 거부감을 갖고 디지털 미디어의 본질이 아닌 피상적 단면만을 이야기한다. 그러나 이는 마치 일식요리 전문가가 이탈리아 음식을 한 번도 맛보지 않고 이탈리아 문학 서적만을 보고 그 요리의 맛을 평가하려는 것과 크게 다를 바가 없다. 디자이너들과 관련 이론가들 역시 인간은 더 이상 종으로서 진화하지 않는다는 사실을 이제는 인정해야 한다. 그리고 인간을 보다 더 알기 위해 그 진화의 원동력인 기술에 대한 이해가 더 필요할 때이다.

---

20) Antoine Picon의 글을 참고

12 문화친화적 조경이 요구된다

조 경 진_서울시립대학교 조경학과 교수

들어가는 말: 조경, 풍요와 빈곤 사이에서

우리 시대와 사회는 조경분야에게 많은 도전과 기회를 제공하고 있다. 지방자치단체마다 도시마케팅과 삶의 질 개선 방법으로 다양한 도시조경 프로젝트를 추진하고 있다. 서울시의 경우 '청계천 복원', '서울광장 조성', '서울숲 조성' 등이 최근의 사례이다. 도시공원 및 도시숲 조성, 하천복원, 가로환경 및 경관개선 등은 지자체들이 중점적으로 추진하고 있는 일들이다. 이 밖에 공공 및 민간 부문에서도 환경생태복원 및 친환경단지계획, 리조트단지계획 등 다양한 일들이 전개되고 있다. 사회 전반적으로 조경 분야에 거는 기대 역시 증대되고 있는 상황이다.

조경에 대한 사회적 요구는 증대되었지만 풍요 속의 빈곤은 여전하다. 아직도 창의적 설계보다는 판박이형의 자기복제 조경디자인이 많은 실정이고, 조경전문가는 거주민과 커뮤니티의 미래를 위한 진정성이 있는 공간 만들기보다는 발주처의 근시안적인 성과를 대변하는데 급급한 실정이다. 조경가들은 사회적으로 영향을 미치는 확장된 영역의 일보다는 주어진 기술 영역의 일에 안주하는 경향이 있다.

조금 시간이 지난 예이지만 이러한 인식이 극명하게 나타난 예가 청계천과 관련된 논의에서였다. 한 일간신문에서 원로 소설가인 박경리는 기고문을 통하여 청계천 복원사업은 시설물 위주의 조경 사업인데 하천복원으로 위장하고 있다고 비판하였다.[1] 이후 청계천 사업을 비판하는 많은 논점 중에 하나는 청계천 사업이 복원사업이 아닌 도시조경 사업이라는 점을 부각하고 있다. 이러한 비판은 복원과 조경을 지나치게 대립구도로 설정함으로써 사안의 본질을 제대로 파악하지 못하고 있다는 데 그 한계가 있다. '복원'은 생태적 복원이건 문화적 복원이건 좋은 것이고, '조경'은 문화적 조망이 결핍된 가짜 생태를 만드는 기술로서 나쁜 것이라는 기본적 가정이 깔려있다. 청계천 사업은 복원적 성격을 지닌 도시조경 프로젝트였다. 복원과 조경은 이것이냐 저것이냐의 선택의 문제는 아닐뿐더러, 현대 도시적 상황에서 진정한 생태적 · 문화적 복원은 애초에 가능하지도 않았기 때문이다.

그러나 이러한 비판을 겸허하게 받아들이는 자기성찰적인 노력 또한 필요하다. 도시문화 창조자로서 조경의 역할에 대한 불신은 지극히 팽배해 있다. 이는 그동안 조경이 사람의 일상적인 삶과 문화와 관계 맺는 일에 그리 큰 관심을 기울이지 않은 반증이기도 하다. 조경가들이 만드는 아파트 단지의 조경은 삶의 조건에 대한 진정한 고민이 결여된 시설 위주의 상업적인 조경의 전형이라는 비판에서 우리는 완전히 자유로울 수 없다. 혹은 조경가들은 장소적 맥락과 관련 없는 테마 연출과 이름 짓기를 전략으로 삼고 있다는 것은 이제는 흔한 비판 거리이다. 혹은 도형과 형태 위주의 디자인에 천착하거나 시설물을 남발하는 디자인으로 정작 자연과 생태는 주변화되고, 사람과 문화는 소외되고 있다는 지적도 많다. 기성 조경계에 쏟아지는 비판이 일정 부분 인접 분야 간의 헤게모니 다툼에서 비롯되는 것이기도 하지만, 비판의 쟁점은 외면하기에 본질적인 문제이다.

과잉과 부조화의 조경설계의 난맥상을 극복하는 방법으로 필자는 문화친화

---

1) 원문의 일부를 그대로 옮겨본다. 조경에 대한 적확한 이해만큼 오해도 많은 글이다. "조경의 예산이 도시 얼마인지 궁금해진다. 주객이 전도되어도 유분수, 극단적으로 말하자면 예산이 넉넉지 못할 경우 조경은 안 해도 되는 부분이다. 그것은 겉치레일 수도 있고, 청계천과 비슷한 프랑스 파리의 센강에서 나는 조경의 흔적을 보지 못했다. 화면을 통해서 자주 접하게 되는 여러 나라 수도를 끼고 흐르는 유명한 강들도 그러하다. 강변은 탁 트여 있을 뿐, 기억에 남은 것은 라인강의 인어상 정도다. 물길을 잡아주고 홍수에 대비하는 하천 분야, 강물의 오염을 막기 위한 하수도 분야, 교통을 원활하게 하는 교량 분야, 그런 것을 튼튼하게 하면 되는 거지, 조경은 세월 따라 자연이 만들어 주게 되어 있다. 앞서 도편수의 안목을 말했는데 우리 문화의 진수는 생략이다. 생략은 저 광활한 지평선 수평선, 우주와 지구가 맞닿은 곳의 균형과 강건함에 다가가고자 하는 정서이며 소망으로서 아름다움을 추구하는 대단히 높은 우리민족의 감성인 것이다. 그리 크지도 않고 넓지도 않은 공간인 청계천에 덧붙이고 꾸미고 구조물이 들어앉을 조경은 생각만 해도 답답하다. 복잡하고 어지럽고 규격화에 지친 도시인들은 단조로운 여백 속에서 쉬어야 한다. 야하게 분바르고 장식을 주렁주렁 매단 여인보다 소박하고 품위 있는 어머니의 품을 생각해 보라. 시냇물에 분수가 가당키나 한가. 설계를 보아하니 요란스러운 교량도 몇 개 있던데 청계천이 잡탕이 될까 두렵다. 그러나 이보다 더 중요한 것은 복원 문제다. 단적으로 말해서 조경 때문에 복원이 희생되고 있는 것 같다." 박경리, 청계천 복원 아닌 개발이었나? 『동아일보』(2004년 5월 14일자)

적 조경을 제안한다. 문화친화적 조경이란 새로운 개념이나 철학이라기보다 조경의 원래적 속성의 재발견이라 할 수 있다. 이는 조경이 적극적으로 문화를 생산하고 소비하는 매체이며 장이라는 점과 삶의 일상과 보다 긴밀히 호흡해야 함을 강조하는 것이다. 문화친화적 조경이란 현재 우리의 주위에 형성된 조경공간들이 문화생태를 고려하지 않은 경우가 허다하고 그러한 결과로 사람과 문화가 부재한 물리적 장치만이 남는 경우가 많다는 점을 비판하고, 이를 극복하기 위해서는 문화적 접근을 바탕으로 한 공간계획에로의 사고체계의 변화와 창의적 실천전략이 모색되어야 한다는 입장이다.

반성과 진단: 반문화적 조경의 현실

사람이 없는 조경

조경을 포함하여 공간을 다루는 전문분야들은 직업적 관행과 전문분야 언어에 익숙한 채 실제로 공간을 이용하는 사람의 관점과 생각을 놓치는 경향이 있다.[2] 이러한 간극에서 비롯되어 전문가들이 다루는 공간은 주체가 되는 사람과 그 안에 담겨 있는 일상 문화가 결여되는 경우가 많다. 건축가, 조경가, 도시계획가는 도면을 바탕으로 생각하고 상상하는 전문 분야의 관성이 있다. 거기에는 본인도 모르게 직업

---

2) 이러한 현상을 공간 생산의 3가지 차원으로 설명하고 있다. 공간적 실천(spatial practice)은 생산과 재생산을 위한 공간에서 벌어지는 상호작용을 말한다. 공간적 표상들(representations of space)이란 분야학문의 전문가들 사이에서 일반적으로 통용되는 담론체계를 지칭한다. 표상 공간들(representational spaces)은 사람들에 의해 수정되고 변형되는 살아있는 공간을 말한다. 예술가들이나 작가들은 표상공간들을 예민하게 상징과 이미지로 표현하곤 한다. 개념화된 상태의 공간적 표상들의 담론들은 살아있는 표상 공간들의 생생함을 흔히 놓치곤 한다. Henri Lefebvre, *The Production of Space*(Oxford,UK: Blackwell, 1991), pp.36-40.

적 성향이 끼어들게 마련이다. 도시계획가 강병기 교수는 이러한 계획가가 처한 처지를 다음과 같이 설명한다. "도시계획을 직업으로 하는 사람들은 매일처럼 비행기 타고 하늘에 높이 올라가서 작업을 하는 셈이다. 그들은 대개 1만분의 일에서 5만분의 일 지도를 써서 작업을 하는 경우가 많다. 이것은 바로 1만 미터 내지 5만 미터 상공에서 지상을 내려다보고 있는 꼴이 된다. 사람의 사고 능력은 사람이 놓인 상황이나 위상과 상관없을 것 같지만, 앞에 놓인 상황이나 위상을 뛰어넘어 자유롭게 사고하는 사람은 드물다. 능력이 모자라서라기보다 무의식중에 상황이나 위상이 설정해내는 환경 속에서 사고하게 되는 습성이 있는 것이다."[3] 조경가의 경우도 예외는 아니다. 다루고 있는 도면의 스케일이 다를 뿐이다. 조경가의 관심은 어떻게 도면 속의 공간을 구성하느냐에 초점이 맞추어지곤 한다. 도면의 구성적 효과가 좋으면 공간이 좋아진다는 검증되지 않은 확신이 팽배하다. 시각적 이미지에 집착하는 와중에 공간에 주인인 사람이 끼어들 틈은 없어 보인다. 도면 속의 공간은 화석화되고, 이 공간을 체험하는 사람의 존재는 소멸되곤 한다.

미셸 드 세르토는 뉴욕의 월드 트레이드 센터에서 내려다보는 도시와 내려와 걸으며 체험하는 뉴욕 거리의 차이를 다음과 같이 설명하고 있다. 마천루에서 바라보는 도시는 고독하고, 탐욕적이며, 관음적이고, 추상적이다. 반면 걸으면서 느끼는 도시는 사람들과 부대끼며 예상치 못하는 볼거리를 만나게 된다. 이것이 진정한 일상의 뉴욕의 모습이라고 세르토는 말한다.[4] 설계가에게 요구되는 것은 마천루에서 내려다보는 시점보다 걸으며 체험하는 도시 사람들의 시선과 관점이다. 그럴 때 사람들이 보이고, 공간에서 벌어지는 생생한 일상이 조경의 중심이 될 것이다.

---

3) 강병기, 『삶의 문화와 도시계획』(나남, 1993); 김찬호, 『사회를 보는 논리』(문학과 지성사, 2001), p.238에서 재인용
4) 미셸 드 세르토, "도시 속에서 걷기", 박명진 외 『문화, 일상, 대중』(한나래, 1996), p.155.

문화 부재의 조경 프로젝트

최근 서울을 비롯하여 여러 지자체에서 추진하는 다양한 도시조경 프로젝트에서 문화적 접근을 시도한 사례를 찾아보기는 힘들다. 오히려 도시 삶의 질을 개선하고자 하는 사업이 일상적인 생활문화를 와해하는 경우도 종종 보게 된다. 이러한 사례로 몇몇 가로환경 개선사업을 살펴보자. 서울시에서는 보행환경 개선과 공공공간의 업그레이드라는 차원에서 가로환경을 개선하는 일을 적극적으로 추진하고 있다. '걷고 싶은 거리' 라는 프로젝트의 일환으로 서울시는 여러 곳의 가로 구조와 외관을 바꾸었다. 유사한 일들이 각 구청 단위에서는 계속 확산되고 있는 상황이다. 그 기본적인 방향이나 의도는 바람직하나 물리적인 공간변화의 결과물은 전반적으로 만족스럽지 못한 실정이다. 그 이유는 가로를 일상의 삶을 담아내는 문화로 인식하지 못하고, 시설로만 보는 사고와 관행이 지배하고 있기 때문이다.

몇 해 전 대학로 가로 한 복판에 하나 둘씩 새로운 조각 작품이 들어섰다. 대학로 가로환경 개선사업의 결과이다. 일반적으로 무미건조한 도시를 걷다가 친근한 조각 작품을 만나면 반갑고 흥겹다. 그러나 좋은 약도 과용하면 독이 된다. 보행량이 많은 좁은 가로에 조각 작품이 과다하게 설치되었고, 재료나 형태, 주제도 제각각이다. 심지어는 조각 작품이 사람들의 동선을 막고 가로를 점유하고 있다. 길의 주인이 사람이 아닌, 예술품이 되어 버린 느낌이다. 가로의 바닥포장도 달라졌다. 구불구불한 곡선 길을 내어 이를 고무매트 포장재료로 바꾸었다. 누구도 곡선 길을 따라 지그재그로 걷는 사람이 없는데 새로운 포장패턴은 생경할 따름이다. 곡선 포장을 하다 보니 디테일은 엉성하고, 보도포장이 지녀야 할 기능성은 저하되었다. 가로가 예술품과 포장 재료의 전시장이 되어버린 느낌이다. 차도 중앙분리대에 왜 조형물을 설치했는가는 더욱 이해하기 힘들다. 대학로 예술과 문화의 거리를 만들겠다는 과도한 의욕의 결과물로 판단된다. 그러나 차도 중앙에 고정 조형물을 설치하면 축제나 행사를 위해 차도 전체를 활용할 기회를 막는 일이고, 비상시에 차

1
2

그림1. 대학로 가로에 설치된 조각품. 조형성도 미흡하지만, 무엇보다도 보행을 가로막고 있다.
그림2. 대학로 차도 중간에 놓인 조각품. 아름다운 예술작품도 적절한 장소에 놓여 있어야 어울린다.

량이 우회할 수 있는 여지를 없애 버린다.

시설물이 가로의 주인이 되어버린 또 하나의 사례가 있다. 2005년 초반에 종로에는 피아노거리가 만들어졌다. 종로 2가 남단 학원가의 골목길 바닥에 피아노 모양을 한 시설물이 생겼다. 일반 보도보다 약간 높여져 설치된 피아노 모양의 바닥 포장물이 거리의 중심을 차지하고 있다. 이 거리가 피아노거리라 불려지면서 독특한 이름 때문인지 사람들의 입에 오르내리는 일은 많아졌다. 또한 이곳에서 드라마를 찍고 난 후 피아노 거리는 더욱 유명해지기도 했다. 거리에 새로운 테마를

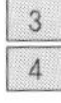

그림3. 종로의 피아노 거리. 가로의 주인이 사람이 아니라 조형물인 느낌이다.
그림4. 종로의 돈화문로. 걷고 싶은 거리 사업으로 새로 조성된 가로이다. 전통문화의 거리를 만든다는 의도는 국적 불명의 수종으로 무색해 보인다.

부여함으로써 장소마케팅은 일견 성공한 듯 보인다. 그러나 예술문화의 거리를 만들겠다는 의도에서 피아노거리라고 이름 붙이고, 건반 형태의 이미지를 차용한 것은 그 발상이 부담스럽다. 피아노 건반 위를 걸으려 해도 바닥이 미끄러워 걷기가 힘들다. 이 시설물은 오히려 자생적인 가로 문화의 형성을 방해하는 측면도 있다. 다른 유사한 프로젝트에서도 상황은 반복된다. 어떤 걷고 싶은 거리에서는 사람의 신체를 즉물적으로 가로공간에 형상화하고 있고, 다른 가로에서는 의미 없는 열주와 벽체, 시설물이 남발되고 있다. 예술품이라는 미명하에 온갖 장식물로 거리는 치장되고, 편의를 도모하기 위한 가로시설물들이 사람들을 주변화 시키고 있다.

이러다 보니 가로에서 이루어지는 일상적인 문화를 담거나, 지역의 국지적인 문화생태를 고려한 설계는 찾아보기 힘들다. 때로는 가로환경 개선사업 자체의 실효성에 의문이 드는 경우도 허다하다.[5] 이미지와 상징 그리고 테마 중심의 설계는 그 자체로는 창의적이고 완결적일지 몰라도 도시적 활동을 적극적으로 수용하거나 장소의 맥락을 고려한 것처럼 보이지는 않는다. 거리의 주인인 사람의 입장에서 가로 환경을 고려하는 것이 미흡하고, 거리의 컨텐츠인 지역의 생활문화를 배려하는 것이 부족하다. 보기 좋은 디자인 요소들이 있다고 좋은 가로가 만들어지는 것은 아니다.

가로 문화는 정비나 개선이라는 메스를 들이대서 해결되는 그리 간단한 문제는 아닌 것이다. 가로 문화는 하나의 복잡한 생태계로서 건축물과 업종, 사람들의 이를 활용하는 행태, 오랜 동안 장소에 담겨진 기억과 정취가 얽힌 생명체와 같은 것이기 때문이다. 공공환경의 디자인은 감각적인 디자인만의 문제는 아니다. 장소에 대한 사회학적 이해, 문화적 접근이 기반 되어야 좋은 설계가 나온다.

---

5) 이러한 대표적인 예가 홍대 앞 걷고 싶은 가로이다. 가로를 새롭게 정비하면 가로의 생태계가 바뀐다. 음습한 골목길보다 장식물로 치장된 새로운 가로가 반드시 나아진다는 보장은 없다. 홍대 앞 걷고 싶은 거리는 이전에 좁은 골목길에 면한 건축물을 철거하고 만들었다. 공공 공간인 가로환경이 넓어져서 언뜻 개선된 듯 보인다. 새로운 가로환경 설계로 거리에 전시벽과 무대도 설치되었다. 그런데 문제는 가로환경이 바뀐 뒤에 이 거리는 이전에 홍대 앞 거리가 지녔던 분위기를 찾아볼 수 없다는 것이다. 가로 주변에 고기집과 카페, 옷집들이 들어서면서 어디서나 볼 수 있는 흔한 상업가로로 변모했다는 것이다. 이미 조성된 걷고 싶은 거리 반대편의 주차장 길에는 홍통이라 불리는 무허가 건물군이 자리 잡고 있다. 이 거리의 생명력은 좁은 길과 다양한 소규모 상가들이 만들어내는 분위기이다. 그러나 구청에서는 이 거리도 같은 방식으로 걷고 싶은 거리로 조성할 계획을 가지고 있다. 가로를 넓히고 나무를 심고 새로운 가로 시설물을 설치하는 것이 과연 바람직한 해법일까? 2006년 11월 현재 아직도 지구단위계획은 진행 중이다. 홍대 앞 가로의 분위기를 살리기 위해서는 홍통 건축물을 리모델링하여 활용하고 좁은 길의 정취를 살려내야 한다는 것이 지역에서 몸담고 있는 사람들과 전문가들의 의견이다.

사회적 실천이 미약한 조경

거시적인 차원에서 조경분야를 조망해보더라도 정책개발 역량과 문화 마인드는 미흡한 수준이다. 조경영역의 다양한 일들은 상위의 공간 정책에서부터 출발한다. 현재까지의 국가적인 차원과 도시적 차원의 도시 및 환경정책들은 대부분 다른 분야의 정책입안자에 의해 이루어져왔고 이러한 정책들이 구체화되는 사업의 일환으로 조경 프로젝트가 진행되는 경우가 대부분이었다. 조경가가 보다 주체적으로 우리 환경과 도시의 비전을 창출하고 정책개발의 대안을 제시하는 진취적 활동과 사회적 발언이 필요하다. 환경과 도시정책 뿐만 아니라 문화정책 개발에서도 조경분야의 활동은 아직은 미비하다. 조경분야는 늘 수동적인 입장에서 일을 수행하는 데만 급급했고 주체적으로 문화정책과 계획에 역량을 결집하여 흐름을 주도하지는 못해왔다. 이는 조경가의 비전과 대사회적 관심의 부재, 조경과 문화를 연계하는 마인드의 미흡, 사회석 오피니언 리더로서의 활동성의 미약에서 그 이유를 찾을 수 있다.

지금은 공공적인 가치를 추구하고 몸소 실천하는 사회적 리더로서 조경가의 출현이 요구되는 시점이다. 건축 분야에서는 철암이나 무주 지역을 기반으로 사회적 건축의 모범을 보이고 있는 사례도 있다. 건축이론가 이영범은 이러한 공공성을 실천 기반으로 한 공공건축가에게 거는 기대가 크다고 말하고 있다. "이들의 예처럼 건축의 미래의 도전은 전혀 새로운 무엇에 있지 않다. 사회와의 관계를 바탕으로 자신에 가장 충실할 때 미래 가치의 가능성은 열릴 것이다. 이를 위해서는 건축이 해야 할 자기 준비가 있다. 우선 공간을 매개로 각 영역을 연결하고 조정해 내는 코디네이터로서의 자기 역량을 강화할 필요가 있다. 그리고 지역 기반을 확보하여 지역 주민들과 문화 공동체의 가능성을 확보하고 지역의 내재적 가치를 발굴하여 지역 고유의 환경을 창출할 수 있는 공간 제안의 기회를 만드는 것 역시 중요하다. 문화를 매개로 다양한 장르의 예술가, 시민, 행정, 상인(기업)의 인적 네트워크를 구축하고 디자인의 사회적 소통으로서의 역할과 기능도 개발하여야 한다. 전문가

레벨에서의 디자인을 사회에 제시하기보다는 사회가 요구하는 디자인의 다양한 요구에 대응하는 사회적 서비스로서의 디자인의 역할 모드를 개발할 필요가 있다는 점을 각인하고 건축을 통한 창조적 문화 도시 만들기의 주역으로 바로 서야 할 것이다."[6] 조경이 사회적 가치를 담보하기 위해서 지역밀착형 코디네이터로서 조경가의 새로운 실천행위가 요구되는 상황이다.

변화와 희망: 문화친화적 조경을 위한 모색

우리의 현실에서 조경이 대사회적 접점을 찾아가는 변화의 조짐과 희망의 싹이 서서히 싹트고 있다. 좀 더 나은 삶의 질에 대한 욕구가 증대되면서 이를 구현하고자 하는 노력은 자발적인 시민운동 차원에서도 활발히 전개되고 있다. 현실세계의 혁신을 추구하는 시민문화운동이 도시조경의 영역과 관심을 공유하는 일들이 점점 확산되고 있다. 지난 몇 년간 도시환경 분야에서도 시민단체의 활동은 가시적 성과를 보여 왔다. '생명의 숲' 에서는 지자체와 파트너십의 형태로 학교 숲 만들기를 적극적으로 추진해왔다. '서울그린트러스트' 는 서울숲을 공원화하는데 큰 역할을 했고, 기업과 시민들의 기금을 모아 나무심기를 통해 서울숲 조성에 한 축을 담당했다. 2005년 6월에 개장된 서울숲은 서울시와 파트너십으로 '서울숲사랑모임' 이 관리운영을 일부 담당하고 있다. 관주도형의 공원관리방식에서 진일보하여 시민들의 기금으로 운영되는 조직이 공원운영에 참여한 최초의 모델이다. '서울숲사랑모임' 은 많은 자원봉사자들의 참여를 바탕으로 공원에 다양한 컨텐츠와 프로그램을 제공하여 공원의 가치를 극대화하고 있다.

6) 이영범, "문화로서의 디자인의 이해 그리고 사회적 언어로서의 디자인의 이해," 서울시립대학교 30주년 기념특강 자료, 2005년 10월 12일

이외에도 서울 시내 걷고 싶은 거리 사업은 '걷고 싶은 도시 만들기 시민연대'가 주도적으로 추진하면서 구체화되었다. 같은 시민단체에서 추진한 '1평 공원' 만들기는 주민들과 함께 의견을 공유하면서 공원을 조성한 성공적 프로젝트의 또 하나의 예이다. '문화우리'에서 추진하고 있는 놀이터 프로젝트 역시 새로운 방식의 공간 만들기의 창의적 시도이다. 광주에서는 '푸른길 가꾸기 운동본부'가 주도적으로 추진하여 시민들과 함께 폐선부지를 푸른길 공원으로 만들었다. 자발적인 시민운동으로 좋은 공원을 만들어낸 성공적인 사례이다. 부산의 '100만평 공원 조성운동'은 진정으로 시민이 주도되어 도시공원을 만들어내고 있는 사례로 평가된다. 이러한 많은 사례를 보면 최근에 도시환경을 개선하거나 도시에 자연생태공간을 조성하는데 시민단체의 비중이 점차 확대됨을 알 수 있다. 위에서 언급한 모든 시민단체마다 많은 조경전문가들이 자원봉사로 일하고 있다. 전문가로서 지향하는 가치를 몸소 실천하고 있는 것이다. 이렇듯 도시조경이 시민운동과 결합되었을 때 사회적 영향력이 높아지며 조경의 대중화가 확산될 수 있다.

문화친화적인 조경의 미시적인 실천은 새로운 문화를 창출하거나 일상적인 문화를 담는 좋은 공원, 좋은 가로가 우리의 주변에 많이 만들어지는 것을 의미한다. 이러한 측면에서 몇몇의 공원은 성공적인 사례로 평가할 수 있다. 선유도공원을 만들면서 설계가가 예민하게 포착한 것은 산업시설의 문화적 잠재성을 인식하고 이를 성공적으로 활용했다는 점이다. 우리는 자칫 지나치면 사라질 수 있는 산업시대의 공장을 새로운 감성의 공간으로 만들어냄으로써 새로운 문화행위가 생산되는 장으로 변모시켰다는 점에 주목해야 할 것이다. 선유도공원에는 늘 사진 찍는 사람, 그림 그리는 사람들이 많이 모이고, 코스프레 놀이 등의 새로운 유형의 공간 이용행태가 창출되고 있다. 새로운 유형의 공원은 새로운 방식의 문화를 발생시키고 수용한다. 찰스 랜드리는 문화적 자원이 도시와 그 가치기반의 원자재라 했고, 계획가의 임무는 이러한 자원을 책임감을 가지고 찾아내어 활용하고 관리하는 것

선유도공원은 늘 사진 찍는 사람, 그림 그리는 사람들로 북적인다. 때로는 코스프레와 같은 색다른 공간이용행태도 엿볼 수 있는데, 새로운 유형의 공원이 새로운 방식의 문화를 발생시키고 수용함을 확인할 수 있다(사진: 김정호).

이라 했다.[7] 조경가들이 유념해야 하는 사실은 문화적 자원은 반드시 오래된 문화재나 값비싼 예술품이 아니라 미처 인식하지도 못할 수 있는 일상적이고 생활에 가까운 평범한 것일 수도 있다는 것이다.

창의적인 문화 컨텐츠를 공간에 담는 것도 문화친화적 조경을 구현하는 또 하나의 방법이다. 2006년 여름 '서울숲 사랑모임' 에서는 공원을 활용하는 새로운 문화를 확산하고자 '책 읽는 공원' 이라는 프로그램을 창안하였다. 기존의 사무실공간을 개조하여 '숲 속 작은 도서관' 으로 만들고 운영하면서, 공원을 이용하는 사람들이 이동식 책 수레에서 마음껏 책을 빌릴 수 있게 하였다. 이후 공원에서 책 읽는 사람들이 하나 둘 늘어났고, 서울숲에 가면 책을 마음껏 빌려 볼 수 있다는 입소문은 전파되었다. 공원에서 책을 읽게 하자는 작고 소박한 아이디어가 공원을 문화의 공간으로 바꾸어 놓은 사례이다. 문화친화적 공간을 창출하기 위해서는 공간의 하드웨어를 잘 형성하는 것과 더불어 창의적인 소프트웨어를 잘 만들어내고 실행에 옮기는 것도 중요하다.

7) Charles Landry, *The Creative City*(London: Earthscan, 2000), p.7.

나오는 말: 문화친화적 조경을 위한 실천 전략

'문화친화적 조경' 이라는 과제는 우리의 사고와 실천방식의 변화와 혁신을 요청한다. 문화친화적 조경의 지향점과 실천방법을 정리해보도록 하자. 그것은 스펙타클한 조경보다 일상과 밀착된 소박한 조경을 지향한다. 그것은 형태와 시설물 위주의 디자인보다는 사람과 이들이 만들어내는 행위와 일상에 주목한다. 그것은 녹색공간의 양적인 공급 위주의 방식에서 차별화된 공간을 자발적으로 만들어가는 방식을 지향한다. 그것은 공간의 계획과 설계와 함께 창의적인 관리와 운영도 고려하는 장소 만들기를 지향한다. 그것은 기존의 전문영역에만 집착하기보다는 다양한 주체와의 수평적 네트워크를 형성하는 것을 추구한다. 그것은 기술과 테크닉에 대한 관심과 더불어 비전과 전략에 대한 깊은 고민과 숙고를 요구한다. 그러기 위해서

2006년 여름 '서울숲 사랑모임'에서는 공원을 활용하는 새로운 문화를 확산시키고자 '책 읽는 공원'이라는 프로그램을 창안하였다. 사진은 벼룩시장의 모습(사진: 서울숲 사랑모임)

선행되어야 할 작업이 무엇일까?

외적인 차원의 변화와 내적인 차원의 변혁이 동시에 요구된다. 앞으로 시민단체의 활동가 혹은 전문가로서 더 많은 조경가가 참여하는 것이 필요하다. 우리가 지향하는 문화친화적 조경의 프로세스를 가장 잘 실현할 수 있는 방법은 관주도의 방식보다는 시민이 중심이 되는 방식이기 때문이다. 미래의 조경가들은 이제는 기술 분야의 전문가라는 틀에서 벗어나 조경문화운동을 주체적으로 확산하고 대중화하는 일에도 매진해야 할 것이다. 조경의 의미와 가치, 지향점과 효용성을 제대로 알리는 문화전파자로서의 조경가의 사회적 참여가 확산되어야 할 것이다. 디자인의 질적인 차원의 향상도 중요한 문제이다. 지금까지의 공간계획은 물리적 공간의 배치와 구성에 지나치게 경도되어 왔다. 공간의 계획과 설계는 그 공간의 주인인

공원에서 책을 읽게 하자는 작고 소박한 아이디어가 공원을 문화의 공간으로 바꾸어 놓은 사례에서도 엿볼 수 있듯, 창의적인 문화 컨텐츠를 공간에 담는 것도 문화친화적 조경을 구현하는 하나의 방법이 될 수 있다(사진: 서울숲 사랑모임).

사람과 문화의 이해를 바탕으로 이루어져야 한다. 자연생태만큼 문화생태의 이해와 창조적 수용이 필요하다. 전통적인 부지의 조사 분석 방법은 미시적인 문화생태를 다루기에는 부적합해 보인다. 계획 과정과 계획의 언어도 바꾸어야 할런지 모른다. 공간설계를 다 해놓고 부록 삼아 만들던 이벤트계획 정도로는 부족하다. 공간계획과 문화기획은 연계해야 한다. 보다 중요한 것은 조경가의 마인드의 전환과 이를 위한 구체적이고 실천적인 방법을 개발해야 한다는 것이다. '문화친화적 조경', 그것은 오늘 한국사회의 조경가들이 진지하게 고민해야할 화두이다.

〈봄, 조경 사회 디자인〉을 만든이들

'조경비평 봄'

조경비평의 실천 환경 구축, 조경 담론의 생산 기지 조성, 조경 이론과 실천의 연결, 조경과 사회의 상호 개입을 위한 네트워크 조직, 조경비평의 유통과 저장을 위한 매체 실험을 취지로 만들어진 모임이다. 2005년 2월 어느 추운 날 첫 모임을 가졌고, "아, 어서 봄이 왔으면"하던 누군가의 탄성이 전격적으로 명칭화 되었다. 이를 보아도 알 수 있듯 우연을 마다하지 않되, 조경비평의 활성화를 위한 필연적 전기 마련에 골몰하고 있다.

김영민 bresit@hotmail.com

서울대학교 조경학과와 건축학과를 복수전공으로 졸업하고, Harvard GSD 조경학과를 졸업했다. 월간 『환경과 조경』 창간 20주년기념 조경비평공모전에서 "장소의 상실과 회복"으로 가작을 수상한 바 있으며, 지금은 SWA 로스앤젤레스 오피스에서 조경가로 활동하고 있다.

남기준 namkeejun@hanmail.net

초등학교를 졸업할 무렵까지 정원이 있는 집에서 살았다. 국민대 학부와 대학원에서 국문학을 전공했고, 졸업과 동시에 환경과조경에 입사했다. 월간 『환경과 조경』 편집장을 역임했으며, 조경의 매력을 부각시킬 수 있는 다양한 이야기의 생산에 관심을 갖고 있다. 현재는 그 연장선상에서 단행본 만드는 일을 하고 있다.

박승진 parksj65@hotmail.com

성균관대학교와 서울대학교 환경대학원에서 조경학을 공부하였으며, 서울대학교 환경계획연구소 연구원을 거쳐 1994년부터 조경설계 서안(주)에서 설계 실무를 담당하고 있다. 현재 동 회사 설계실 담당 이사로 재직 중이며, 서울시립대 겸임교수이다. 선유도공원, 서울올림픽미술관, 워커힐호텔 및

W호텔 조경설계, 삼성전자 SEMAD PARK 등의 설계에 참여했다.

배정한 jhannpae@dankook.ac.kr

서울대 조경학과를 졸업하고 동 대학원 조경미학연구실에서 석 · 박사학위를 마쳤으며, Pennsylvania대학교에서 박사후 연구를 했다. 조경 이론과 설계, 조경 미학과 비평 사이의 다각적 함수를 구축하는 일에 전념해왔으며, 통합적 환경설계의 이론적 · 실천적 전략으로서 랜드스케이프 어바니즘에 주목하고 있다. 대표 저서로는 『현대 조경설계의 이론과 쟁점』(도서출판 조경, 2004)이 있다. 현재 단국대학교 환경조경학과 교수.

서영애 terry116@empal.com

서울시립대학교 조경학과를 졸업했고, 동대학원에서 『한국영화에 나타난 도시경관의 의미해석』으로 석사학위를 받은 후, 현재 박사과정 중에 있다. 좋아하는 영화와 전공과의 연결은 흥미롭고 행복한 일이다. 더 나아가 도시공간을 문화적으로 바라보는 접근방법에 흥미를 갖고 연구의 폭을 넓혀가고 있는 중이다. 기술사사무소 '異樹' 소장으로 일하고 있으며, 삼육대, 서울시립대 등에서 강의를 맡고 있다.

안명준 inplusgan@korea.com

서울대학교 조경학과를 졸업, 동 대학원에서 석사학위를 받고 현재 박사과정 중이다. 제 1회 조경비평상 가작 수상과 함께 비평 활동을 시작하였으며, 서울대학교 조경학과 조교를 지냈다. 동아리 활동을 계기로 시와 소설을 좋아하여 중앙대학교 예술대학원을 다니기도 했다. 문학적 상상력을 기반으로 한 형상적 사고를 조경에 활용하고자 고민중이며, 경관을 매체로 보는 시각과 이용자 중심 조경에 관심이 많다. 현재 강원대와 단국대 등에서 강의중이다.

이상민 smiceberg@hanmail.net

서울대학교 조경학과를 졸업하고, 동 대학원 조경미학연구실에서 『1920~30년대 프랑스 모더니즘 정원 연구』로 석사학위를, 『설계 매체로 본 한국 현대 조경설계의 특성』으로 박사학위를 마쳤다. 꾸준히 조경설계와 매체 등에 관한 연구를 진행해왔고, 현재 단국대학교 등에서 강의를 맡고 있다.

이유주현 edigna@hani.co.kr

산으로 둘러싸인 강원도 원주에서 태어났다. 서울대 사회학과를 졸업한 뒤 한겨레신문사에 입사해 문화부, 사회부, 편집부, 한겨레21을 거쳐 현재 국내뉴스팀에서 일하고 있다. 한때 '조경가'로의 전직을 꿈꾸며 서울대 환경대학원 환경조경학과에 입학했으나 디자인이란 아무나 하는 게 아니란 걸 알게 됐다. 건축, 정원, 공원 디자인, 도시의 역사, 도시개발과 빈곤 등 다방면의 관심사가 아직 정리되지 않은 채 여전히 조경가를 동경하고 있다.

이유직 lee@pusan.ac.kr

서울대학교 조경학과와 동대학원에서 공부했다. 하버드대학교 하버드-옌칭연구소에 2년간 머물며 한국의 근대조경사에 대해 연구하였으며, 현재 부산대학교 조경학과에 재직하며 조경역사 및 이론에 관한 과목들을 강의하고 있다. 조경의 역사 및 이론과 실천의 간격을 좁히는데 관심을 기울이고 있으며, 부산의 용산기지라 할 수 있는 미 하얄리아부대 부지를 공원화하는 작업에 코디네이터로 참여하고 있다.

장보혜 bohyejang@hanmail.net

연세대학교와 한양대학교 대학원에서 건축학을 전공했다. 그 때는 지금쯤 건축가가 되어 있을 줄 알았다. 아직도 좋은 건축가의 꿈은 유효하지만, 지금은 조금 다른 방식으로 공간환경을 만들고 있다.

"공원, 그 공공성에 대하여"로 제 2회 조경비평상 수상. 현재 연구공간 수유+너머 연구원.

조경진 kjzoh@uos.ac.kr

서울대학교 조경학과를 졸업하고 동 대학원 석사학위를 받았고 펜실바니아 대학교에서 도시 및 지역계획학 박사를 취득했다. 조경설계이론, 도시공간문화론에 관한 연구를 해왔으며, 최근에는 문화와 도시조경의 접점을 찾는데 관심을 기울이고 있다. 다양한 영역의 도시경관개선 관련 정책 연구 및 설계프로젝트에 참여하였으며, 현재 서울그린트러스트 운영위원장으로 활동하고 있다. 공저로 『PARK_SCAPE: 한국의 공원』(도서출판 조경, 2006) 등 다수가 있다. 현재 서울시립대학교 조경학과 교수로 재직 중이다.

최정민 jmchoi117@empal.com

서울시립대학교 조경학과를 졸업하고 동 대학원에서 석사를 마쳤으며 박사과정을 수료했다. 오래된 조경 짝사랑과 관심으로 조경 설계와 비평, 그리고 실천 사이에서 서성였지만 어느 것에도 깊이는 없다. 양적으로는 많은 설계가 시공되었지만, 이용자들에게 누를 끼친 것은 아닌가 하는 걱정은 있으되 작품성 있게 내세울 만한 것은 없다. 몇 군데 잡문을 기고했지만 대표 저서는 없다. 지금은 조경이 만들어지는 과정과 잘 만들 수 있는 환경, 그리고 그 역할에 관심을 기울이고 있다. 현재 대한주택공사의 환경조경팀에서 근무하고 있다.

온라인 네이버 카페 '조경비평 봄' http://cafe.naver.com/criticbom.cafe

조경비평에 관심 있는 이들과의 교류를 위해 만든 열린 공간이다. 누구나 가입할 수 있고, 글을 쓸 수 있고, 이미지를 올릴 수 있고, 질문을 던질 수 있고, 건의를 할 수 있고, 연재를 할 수 있고, 소모임을 꾸릴 수 있고, 문제를 제기할 수 있고, 정보를 공유할 수 있다.